KUWEI

酷威文化

图书 影视

科技简史

〔意〕 弗朗切斯科·帕里西 —— 著   周婷 —— 译

台海出版社

献给还不会走路，
但已知道如何使用遥控器的莫甘娜。

CONTENTS 目录

前言

你们手中的这本书讲述的是一次历经多年的研究历程，其目的只在于回答一个问题：我们与技术之间的关系是如何构建的？提出这个问题，不仅是因为当代媒介在我们生活中的角色越来越重要，越来越广泛，还因为我们已观察到，自智人（Homo sapiens）开始在地球上扩展其统治以来，这种情况便一直存在。简而言之，技术问题并不是最近出现的，也不是全球化世界的专属特权。实际上，技术从最开始就与我们人类密切相关。

可以明显地看出，常识中通常存在的对立，即身体（corpi）和事物（cose），不但不足以理解技术的影响，还有可能掩盖主管技术相互影响的最深刻、最根本的机制：我们是与周围事物密切相关且不可分割地混杂在一起的躯体。对这种直觉最著名的阐述应数马歇尔·麦克卢汉（Marshall McLuhan）的版本，在他看来，媒介是人的延伸，它取代了有机体先前执行的功能。我将沿着这条连接着不同知识领域作者观点的轴线，与读者们探讨马歇尔·麦克卢汉的这一原理。

本书有两个目标。首先是要说明身体、事物和世界之间的交织是多么紧密，以至于我们不得不将分析的重心由人转向非人。可矛盾的是，如果要充分理解我们的工作方式，就必须将目光投向我们周围的事物，如环境和技术。实现这一目标离不开以跨学科的研究方法所进行的研究。通过一个涉及媒介学、认知科学、认知考古学、美学、技术哲学和生物学的比较，我将展示"身体—世界—事物"之间关系的问题是多么备受关注，以及这种关注是如何消除学科差异的，这也是最初推动我起草本书的意图。第二个目标，也是更"雄心勃勃"的目标，即从当代认知科学的研究路线出发，对人与非人之间的关系历程进行一次来自我个人的分析。

为了达成这两个目标，我不得不用一些相当直白的方法进行选择。首先是放弃注释[1]，因为当不同学科组合在一起时，会无法避免地产生无数潜在的主题发展，而注释势必会使得正文更加沉重。因此，这本书有时候可能会显得很简略，甚至在处理一些本应使用更多篇幅讨论的问题时显得仓促。我希望这点不足不但不会引起读者们的失望，反而能够激发读者们的反响和参与。出于类似的原因，我尽可能地减少了参考书目，同时遵循了双重标准：只列出与论点发展有关或为了突出不同作者之间相互关系所必需的作品；若该作品有意大利文版本，则优先择之。我希望这部作品的目标受众不仅是专业领域里的研究者，也包括那密切关注且希望深入研究该话题，并带着一颗好奇心的读者们。我坚信，如果媒介研究能够突破大学圈子的局限，那将会产生很好的结果。

最后要说的，是我认为非常重要的一个想法。从某种意义上

---

[1] 为使读者理解本书，译者酌情添加了注释。

来说，这部作品已经超越了是否赞成技术的问题。关键是，我提出的调查不是作为对人与技术产物之间的伦理（etica）分析，而是作为一次美学（estetica）探索。换句话说，这本书的目的不是提供关于使用某个小发明的对错秘诀，而是试图通过具体的案例研究，来展示媒介过程的一般运作原理，以及它们对我们身体和认知的影响。

促使我做出这一选择的原因有两个：首先，采用跨学科的视角涉及了大量的研究，如果同时进行伦理反思，将会使该项目不堪重负。实际上，尽管本书中运用了各种方法，但在一般情况下，这些方法和研究都没有涉及伦理层面。第二个原因更为重要。我相信是从媒介生态学那里继承而来的，我期待它可以成为以下问题的解药：在调查媒介的过程时，人们所看到的可能并不是事物的本来面目，而是按照自己认为正确的想法来描述它们的样子。换句话说，人们由于当代媒介的加速而提出了一些关键的问题，却没有足够的时间来很好地阐述其意义，因此可能会倾向于一种指导行为的模范，而不一定了解特定媒介的功能与其产生的感知、认知、情感以及审美效应。在这种情况下，偏见或者说成见，才是最危险的陷阱。另一方面，观察这些相互作用，而未事先思考它们是否产生了对或错的现象，是进行伦理反思的必要条件，尤其是当你们像我一样相信"技术就是我们"这一观点时。

墨西拿市，2019 年 7 月

第一章／**科技就是我们**

/ 技艺、技术、媒介化和其他标签 /

在查理·布鲁克（Charlie Brooker）创作的英剧《黑镜》的第一季第三集中，男主角同他所处社会的所有人一样，配备了一种特殊装置：该装置能够将眼睛和大脑进行生物机械连接，使他得以重新看见以第一人称视角经历过的生活片段。由于这项技术的内化，男主角增强了自己的感知和认知能力。在斯坦利·库布里克（Stanley Kubrick）执导的电影《2001：太空漫游》中，有一个著名的场景：一块来自外星球的独块巨石屹立在一个灵长类动物群中，起初这些灵长类动物惊恐地在巨石周围胡乱徘徊，摇摆在恐惧和好奇心之间。然后，它们用鼻子嗅它，用手抚摸它，希望能更好地理解这块巨石的潜在危险，但巨石对它们产生的吸引力太强了，它们沉醉地包围着它，似乎想不惜一切代价拥有它。这样的接触导致了一种类似于炼金术的相互作用，灵长类动物们产生了一种新的意识，使得周围世界的一切都发生了变化。

电视剧和电影中提出的隐喻，可以很好地代表本书中讨论并捍卫的想法：技术并不是一个简单影响人们生活的复杂存在，在某些情况下，它还可以成为一个智人认知的构成部分（componente costitutiva），如大脑、心脏和手。我们的身体在生物学上倾向于与周围环境通过关系（relazione）和反馈（retroazione）过程进行对接，因此也会与环境中包含的技术对接。这两种互动的可能性将会在随后介绍并讨论：技术作为工具的"总和"（insieme di strumenti），能扩展（有时候也减少）我们的认知能力（反馈）；技术作为原始化环境（ambiente originante），也会迫使我们重新考虑自己的人性观念（关系）。

我们经常会用语言谈论技艺（tenica）、技术（tecnologia）、媒介（medium）、设备（dispositivi）、工具（strumenti）和装置（apparati），而不太注重这些术语之间的差异。实际上，这些差异对于专业人士来说相当重要。凯文·凯利（Kevin Kelly）是美国《连线》（*Wired USA*）杂志的创始人之一，也是技术过程分析领域最有影响力的人物之一。为了谈论技术，他创造了一个新单词"技术元素"（technium），不仅包括文化、社会机构和哲学概念，最重要的是"能够刺激工具生产进一步发展的已有发明的再生产动力"。之所以要创造一个新的单词，是因为不存在一个被广泛接受的技术定义，更不用说一个能够描述技术如何运转的丰富理论。持同样观点的还有布莱恩·亚瑟（Brian Arthur），他在试图将技术定义为普遍过程的原则时，提出了技术与生物进化的平行性，即每种技术经由与其他已有技术相结合而产生，且前提是存在能够容纳它的机会补缺。

我并不打算讨论上述区别的优劣，也不认为提出一个新的单词有助于更好地理解问题。因此，我将根据具体情况并参考认知论（Epistemologia），或多或少地使用文中所列出的词汇。但是，其中的"媒介化"（mediazione）一词将会占据重要的位置，该词用来表示一个过程，在这个过程中，智人与其环境所建立的生态关系（relazione ecologica）不断地受到一系列技术成就的影响，而发生了改变。一般来说，这些技术成就是通过两种过程获得的：对自然力量的支配，如对火或核能的管理；以及建立在后天所获得的知识之上的特定技术的发明，如望远镜、汽车和牙刷。

因此，媒介是我们作为生物自然而然创造的一种现象，它建立在有机体和世界之间相互修复作用的基础上，不会在适应自然的过程中枯竭。"修复的"（protesico）一词通常表示：将个体与事物分隔开的界限是可移动的，甚至是可消除的。为了对该问题进行分析——旨在进行一项媒介学的分析——我将涉及不同的知识领域，并将从认知的角度来区分技术所创造的修复关系的类型。在下面的内容中，我将通过提前概括本书的主要概念来尝试说明所讨论的情境。

/ 认知主体 /

成为一只蝙蝠可能是什么样子？这不是那个长期备受煎熬的布鲁斯·韦恩①（Bruce Wayne）所思考的问题，而是一篇彻底改变了心灵哲学（Filosofia della mente）的文章的标题。它的作者美国哲学家托马斯·纳格尔（Thomas Nagel）突破了他所处时代的理论背景，于1974年提出了一个认知科学在几十年里也无法——事实上也不愿意——回答的问题：拥有某种特殊经验是什么感觉？

这个问题在哲学界产生了巨大的影响，因为在认知主义（cognitivismo）被确立为理解人类认知的特许研究范式的年代里，人工智能所激发的隐喻——对于人工智能来说，心智如同软件，而大脑如同硬件——占据了主导地位。这种方法的特点是，将心智视为一个自给自足的实体，不需要在某个特定物理基质上"运转"，但在适当的功能条件下，它可以在任何载体上发挥功能。如此构建

---

① 布鲁斯·韦恩（Bruce Wayne）即蝙蝠侠（Batman），是美国DC漫画旗下的超级英雄。

的理论结构，并不是为了解释经验的性质和现象学特征（即"会是什么感觉"），而是为了解释大脑的功能、逻辑和生理结构，并用第三人称以科学的方法来描述。为了领会这一点，我们经常举一个将消化与意识进行比较的例子：对消化过程的描述，足以形成一个关于现象的解释模型，但如果应用于人类心智，同样的描述将会遗漏某个东西。

要理解这个东西有多么必不可少，先让我们尝试回答纳格尔提出的问题。可以说，成为蝙蝠后我们会感觉视力退化甚至消失，但失此得彼，我们会拥有回声定位系统，也可以想象倒立睡觉和吃虫子的感觉。当然，我们还可以想象自己会飞。这次简短的对蝙蝠日常生活的想象之旅表明了两点：科学对蝙蝠生活的运转几乎无所不知，但这些知识根本无法满足我们想要变成蝙蝠的体验。尽管我们刚才所说的关于变成蝙蝠的感觉，在科学上是可描述和可认识的，但我们永远不能丢掉我们自身的视觉能力（punto di vista）而获得蝙蝠的"视角"。这种观点引起一种特殊的具化视角形成，我们采取这一视角不是因为我们拥有一个体积较大的大脑，而是因为我们拥有一个构造独特的身体。回声定位、倒立睡觉、食用昆虫和飞行，这些只是我们在目前已有的身体条件下想象的事情：我们拥有眼睛、天生头顶朝上、身体很沉重，且是杂食动物。令人惊讶的是，古典认知科学根本不在乎人类成为蝙蝠（或者作为人）是什么感觉，因为伴随着心智进程的主观感觉，对于理解计算机逻辑机制的影响很小（反而可能有干扰影响），而监督这种感觉的逻辑—计算机机制是唯一真正重要的研究对象。

纳格尔因此向范式提出挑战：如果认知科学无法解释经验的主观特征，那认知科学肯定存在某些问题。值得注意的是，在盎格鲁世界^①（Paesi Anglosassoni）哲学领域，纳格尔的提议是在一个很少有人提出这样一个问题的时候出现的，以至于连这位美国哲学家用来论证其论文的术语索引，也差不多局限于视角的概念："不论作为一个人、一只蝙蝠或者一个火星人，其感觉的事实状况如何，似乎都是体化（embody）一种特定视角的事实。"紧接着，纳格尔明确指出，他并不是指某一个人的视角，而是指某些现象学特征在足够相似的生物之间是可被共享的事实。在其文章的最后，这位哲学家试图说服我们，只有一种新方法，即其定义的"客观现象学"（fenomenologia oggettiva）的发展能够完成这一任务："用无法拥有这种经验的生物可理解的形式来描述，至少部分地描述经验的主观特征。"

埃德蒙德·胡塞尔（Edmund Husserl）、马丁·海德格尔（Martin Heidegger）和莫里斯·梅洛-庞蒂（Maurice Merleau-Ponty），由这三位哲学家在德国和法国发展起来的人类认知的现象学方法，已经出现了一段时间，但其并未考虑科学方法的局限性，而科学方法是欲成立于纯理论范围之外的认知主义范式所必需的。因为当时人们对认知能力的态度经历了一次强烈的认知论重新审视，所以尽管主观与客观、质量和数量之间存在明显的、不可逾越的鸿沟，纳格尔的预测仍从 20 世纪 90 年代初开始成形。这次从哲

---

① 盎格鲁世界，也称为"英语圈"，指将英语作为常用语言的国家的合称。

学到科学的转折产生了一个"体化认知"（embodied cognition）的概念，其核心思想是：如果没有身体结构性的完善心智，那么就无法从哲学上理解心智。换句话说，如果在理论和科学调查的动态中抛开身体所形成的局限性和可能性，就无法充分理解认知。

因此，我将依靠这种概念上的融合来描述身体与技术之间的关系。正如我们所看到的，融合是一个持续的过程，具有大量的标签（请参考本书第三章），这也有可能在很大程度上受到智利生物学家、神经科学家和哲学家弗朗切斯科·瓦雷拉（Francisco Varela）作品的启发。从莫里斯·梅洛-庞蒂的哲学观点出发，瓦雷拉不断推动了一种现象学的自然化，这种自然化解决了认知科学的一个大问题，即心智—身体的问题。如今，现象学的方向在认知主义讨论中被广泛使用，不仅与莫里斯·梅洛-庞蒂的思想有关，也与马丁·海德格尔的思想有关。事实上，现象学倾向的体化认知呈现出了认知科学的参照范式。为了挑衅地强调注意力从大脑向身体的转移，我们可以把体化认知的词汇倒置过来，将我们的身体看成认知身体（cognitive bodies）：被体化的不是心智，而是自然界所有生物中最具有认知能力之智人的身体。

/ 生物学家的必要性 /

这些转折点也带来一些哲学含义，随着时间的推移，这些含义产生了真正的概念分支，后者又与基本核心非常相似。这个基本核心将形体的存在作为解释的中心，其中也包括同样相关的要素：能动性（agentività）和环境（ambiente）。因而，这个解释中还需要在一个环境中起作用的实体。然而，越来越多的环境将不再是一个伊甸园，相反，由于技术的存在而展示出了无限的变化可能性。更准确地说，环境与技术的关系不是等级关系，而是平等和互换的：如同环境可以通过技术媒介化一样，媒介也可以是环境化的。为了更好地了解这种情况，我们可以参考一下云。云作为自然实体，一直是环境的一部分，但最近一段时间，云（clouds）还是接收我们生活碎片的人工环境。也就是说，云是环境与技术之间复杂关系的代表，这也可以用术语"生态媒介"概括：当媒介——此称呼是因为它处在我们和环境之间——消失，或是与我们以及我们周围的空间融为一体的时候，媒介化过程就会发挥最佳作用。鲁杰罗·欧金尼（Ruggero Eugeni）通过引用电影《阿凡达》，很好地描述了这种难以区分的情况：在电影中我们看到一种在自然界变形的技术，这种技术完美地融合在了身体和周围环境之间，而周围环境并未表现出与世界的差异，甚至说，这就是同一个世界。

想要真正了解人类认知是如何运作的，摆脱脑颅并让有机体参与其中显然是不够的，还要更进一步，将这个有机体所处的生态环境视为同样的构成要素。这不仅是在人们可想象的意义上——空气、阳光、水和食物都是生存的基本条件，而且是在"经验首先是行为"这一假设更直接表达的意义上。现在，没有人否认环境是重要的，但认知科学家们愿意赋予环境的重要程度，是体化倾向的认知主义领域多个杰出人物所共同期待的。在当代的辩论中，这种多样性被视为与4E认知（4E della cognizione）一致。除了体化认知（embodied），认知还是可延伸（extended）、嵌入（embedded）和生成的（enactive）。除了我们在上一小节中已经认识的第一个E，其他的E区别在于生态媒介环境在认知形成过程中的重要程度。

让我们从最后一个E开始。对于生成认知（enactive cognition）来说，认知是通过配备在生态背景中起作用的身体和大脑的相互作用来实现的，这个生态背景构成了系统的第三部分：环境——还有包含在环境中的媒介——因此，对认知起着构成（costitutivo）作用。对于嵌入认知（embedded cognition）的支持者们，环境仅对认知起因果（causale）或支持作用，而这种认知仍然局限于大脑和身体。如果不了解争议的核心，这种区分可能显得微不足道。因此，我们必须考虑到，嵌入认知和生成认知是对体化认知的扩展，即所谓的延伸认知（extended cognition）最具开辟性的回应——第一种是反动的，第二种是激进的。只要有一个技术设备——比如一个计算器——执行着某些功能，心智就可以在身体之外进行延伸。如果这个功能发生在大脑中，我们就可以毫无疑问地将其定义为认知。我将在第三章中更深入地讨论 4E 认知，并尝试解释为什么只需要其中两个（但不能更少），就已经足够来说明身体和技术之间的媒介化是如何实现的。

智人的奇特之处在于，它是一种毫无专长的动物，因此必须通过对周围环境的强烈干预，来保障自己的生存。这种操作方式的特殊性在于，它所实施的干预会对其现象学产生反馈效应（effetti di ritorno），并表现出区别于任何其他生物物种的独特特征。正如我努力证明的那样，这并不是一个以人类为中心的陈述，而是一个跨学科分析的令人信服的推测性结果，该分析认为生态媒介不仅仅是认知活动的产物（prodotto），而且是其原因（causa）。

毕竟，这个观点有一段可敬的历史，我将会在第二章中尝试重现这段历史，其中，我会着重提到约翰·杜威（John Dewey）——美国审美学家和实用主义的代表人。但这项工作的强烈跨学科性很好地被体现在了我将提及的另一个研究领域：媒介生态学。这项认知论事业已有近百年历史，不过直到 2015 年，才由保罗·格拉纳塔（Paolo Granata）首次介绍给意大利读者，其中包含了用来理解和描述关键概念时所必需的纯理论特征。首先，媒介生态学并不是一个统一的研究领域，其内部包括不同的作者、方法和流派。尽管这一领域的学者大量集中在加拿大和美国，但有一些来自旧大陆的学者也完全能够被冠以媒介生态学家的称号。

因此，在这本书中，我将尝试通过现象学、实用主义、美学和媒介学的概念和术语来处理媒介化的原则，同时转向认知科学和生物哲学来提出我的个人论述。尽管援引的认知论观点之间有相当大的差异，但我相信，在这些不同的研究方法中，有一条很长的线索贯穿其中，并将所有方法串在一起。值得一提的是，这条用多颗"珍珠"串成的项链，描述了有机体现象学逐渐延伸到周围的生态媒介环境中的过程。但同时也要强调，生态媒介将会通过该过程而被环境吸收，同时更改这个过程，并消除身体和大脑的中心作用。

/ 事物的重要性 /

对于媒介化问题，我采取了一种与之进行比较的方法，其风险在于可能存在的主题分散。只要我们不深入研究细节，将大致趋同的直觉并置，就可以将这项工作变成一个表面上的概述，这样有利于完成最终目标。因此，为了应对这种风险，我们有必要设置边界，主要是用理论上的边界来界定应用范围，并明确相应的比较在何时应该为明确的对立留出空间。

这是一本倾向于用唯物主义和决定论方法来解决媒介化问题的书。在媒介学领域，技术决定论的幽灵就像一个勉强叫得上名字的实体一样盘旋着，无论如何总是带着贬低的目的：如果说有一种方式可以让自己立刻成为被怀疑的对象，那么自我宣称为决定论者肯定就是其中一种。技术决定论不是一种确定、纲领性的理论立场，而是一种态度，一种思考因果关系的方式。一般来说，每一种决定论方法（无论是否为技术性的）都有一个共同点，那就是存在一个比其他所有因素更重要的决定性因素，它支配着社会过程的走势。因此，决定论既可以是技术上的，也可以是社会学的。在这两种情况下，问题都在于赞成这两种情况之一的理论模型所提供解释的明确性。

我并不打算重述上文提到的两种相对的思想路线的历史，但是我将简要地介绍两位作者的作品。依我拙见，他们在作品中体现了这两种思想的特征，然后试图克服两种可能的决定论形式之间的二分法。其中，雅克·埃吕尔（Jacques Ellul）是一位肯定可以被归入技术决定论的学者，其诉诸决定论的动机在于适时论证的一个信念，即如果仅从社会动力的角度来看，社会现象似乎不可避免地产生矛盾。例如：一位法国学者以公民的政治态度为例进行了讨论，与他同时代的一些社会学家也对该话题进行了分析——一些人坚信公民的政治态度是积极的、有参与性的，另一些人则认为是冷漠的、消极的。对于埃吕尔而言，只有在讨论中纳入技术体系——在所有社会—政治情境中真正具有决定性和稳定性因素，这种矛盾才会出现并得到解决。

另一方面，艺术评论家乔纳森·克拉里（Jonathan Crary）举了一个社会学决定论的例子——以一种非常笼统的方式理解，而不能简化为技术方面。在一篇专门论述现代"观察者"①诞生的著名文章中，克拉里写道："我们的视角非常明确地与摄影和电影历史上的无数权威分析形成对立，这些权威分析的特征在于明确或潜在的技术决定论，对其而言，一个发明、修改或机械改进经过独立发展，

① 这里的"观察者"（osservatore）并非纯粹视觉意义上的观看者，而更接近一种文化系统内的认知主体。

最终会在一个社会领域里立足，并从外部对社会领域进行改造。相反地，技术总是与其他力量共同作用，或从属于其他力量。"克拉里研究的现象是观察者的转变，这种转变并非随着 19 世纪下半叶印象派的出现，或者随着摄影的发明而出现。在 18 世纪与 19 世纪之交，由于哲学和光生理学的研究，人们认识到了一个体化的、有偏见的观察者，并将其与起源于文艺复兴时期的理想的、在几何学上理解的观察者对立起来。

后者是媒介学家马克·汉森（Mark Hansen）所定义的"技术"（tecnesi）的典型例子，解释了将技术简化的理论态度。汉森在其作品中试图说服我们，对技术的社会性说明不足以解释其对我们经验的影响。他对后结构主义的一些主要代表人物——德里达（Derrida）、拉康（Lacan）、福柯（Foucault）、德勒兹（Deleuze）和伽塔利（Guattari）提出了严厉的批判，并主张重新回到物质性的起点，这个物质性不仅是技术的，还是——可能也是最重要的——身体的。回归到由符号过程和权力过程产生的主观性的定义之外，这种现象学的实体回归标志着从一个"认知论的结合"过渡到一个"现象学的（或有形的）融合"。

因此，我们面对着两种紧密交织在一起的问题：一方面是物质性的问题；另一方面是决定论的问题。我的想法是：技术决定论是唯物主义在概念上的必然结果。当然，我并不认为社会、语言、符号、权力的过程——简而言之，所有非物质的过程——没有起到重要的因果作用，只是认为它们可以在媒介入口的上游或者下游，以及随后在与实体的往来中发生作用：它们会有利于（甚至导致）媒介的进入。随后，它们可以调节其发展。但这些条件在上游是盲目的、在下游是迟钝的，也就是说，在第一种情况下，它们不能预见关系和反馈的发展，在第二种情况下则仅限于它们被注意到。

简而言之，我的想法是：提出这种决定论唯物主义（materialismo determinista）问题的唯一方法，并不在于宣布哪个因素比其他因素更具决定性，就像埃吕尔和克拉里所做的那样。因为在我看来，这似乎是"先有鸡还是先有蛋"那个著名悖论的重提——一个太过简单而注定无法回答的问题，很明显的是，如果仅以因果关系进行分析，则无法将确定因素划分为分立的单位。然而，我在这里试图捍卫的决定论唯物主义，并不主张将技术扩散视为完全由物质因素引起的，而是一种认识论的谨慎选择，即将事实说明置于最基本的物质性层面，因为后者对于任何重要的需求都是不能妥协的。举个简单的例子，让我们回到克拉里的话题上来：摄影发明的根源可能来自哲学和科学上的研究，但这些研究本身并不能实施经验的转变，经验只能由身体和图像之间物质关系的物质现象产生。相比我们自身生物装置的功能，我们能够看到更多——技术影像的反馈效果之一———是一种可能性，这种可能性来自以某种方式构成的有机体与光学原理的技术实现之间的物质性关系（参见第五章）。

/ 研究的范式与时间性 /

如果我们试着做一个心理实验，将自己置身于我们靠打猎和采集为生的祖先的时代。这时，我们可以想象人与环境之间的生态关系，或许在某种程度上已经非常复杂。虽然我们以狩猎和游牧为生，但一些技术——如对火的控制、使用手斧和皮毛——已经被人类所掌握。然而，在我们的自然历史进程中，媒介化逐渐加剧了人与环境之间的距离；这种变化有时到达了决定性的时刻，生态体验便会发生变化，确定新的临界点。人类被（自己创造的）技术改变，这个关于我们物种的故事无疑是引人入胜的。在我看来，这种改变发生的方式，是无法通过僵化的研究过程和仅关注某一个特定时刻的时间分析来有效地解释的，因为现象的异质性及其时间上的串联需要特定的关键措施。

有鉴于此，本书的另一特点在于针对媒介问题采取了一种跨学科（prospettiva interdisciplinare）的观点，一种通过整合涉及了不同时间尺度的异质研究项目发展起来的观点。具体来说，我将从以下几个领域来展开论证：1. 这项研究至少是从 19 世纪末开始，并植根于媒介学和美学的研究传统的一部分；2. 这项研究可以被认为是连接概念和理论的综合体，并在这一点上增加了认知考古学（archeologia cognitiva），在兰布罗斯·马拉弗里斯（Lambros Malafouris）发展的版本中被命名为"物质介入理论"（material engagement theory）；3. 当代认知主义，概括为"4E 认知"（4 E cognition）；4. 吉尔伯特·西蒙栋（Gilbert Simondon）的哲学体育；生态与进化发育生物学（eco-evo-devo）。以上所有研究方案中，时间性均被视为非常重要的问题：让我们明确一点，在某种意义上，没有任何方法可以避免任何涉及时间的研究，但我的意思是，在这些情况下，依靠时间性或扮演一个本体论和生成论的角色，又或者根据采用的时间尺度来确定不同的实体。我们简要地了解一下。

就物质介入理论（MET）而言，由于涉及认知考古学，即以研究认知的原始条件为目的的调查，时间态度是该学科认知方向的本质。换句话说，MET 的目的在于追溯过去，从旧石器时代的人造物（物质性）开始，来了解经过文化积累的过程后，今天已稳定下来的智人的认知能力是如何率先产生的。

在认知科学领域，生成认知需要明确地诉诸时间性。这是因为在生成认知中，解释认知现象的起始本体论不是空间性质的——主体的大脑或身体——而是一个随着时间发展的构成性关系（relazione costitutiva）的结果。哲学家肖恩·加拉格尔（Shaun Gallagher）明确提出了在时间性范围内来理解这种构成性。在缺少空间本体论的情况下，为了使一个复杂的因果关系能够被想象成一个统一体，必须将因果联系置入制约一个系统的时间单位内。

这个过程直接把我们带到了吉尔伯特·西蒙栋提出的个体化（individuazione）概念。在西蒙栋哲学理论中，这是一个"通过个体化来认识个体，而不是从个体出发的个体化"的问题，因此在研究身体与环境的关系时，我们不应该假设存在一些预设的、个体化的单位。因为这些单位可以或多或少地相互混杂，更确切地说，无论个体是有机体还是事物，把混杂作为产生个体的过程，只能暂时地相互作用。而且如果没有任何预先存在的事物，只通过关系确定所有实体，那么我们必须把时间和关系视为同义词："时间就是关系。"以上就是法国哲学家吉尔伯特·西蒙栋所宣称的"个体存在必须具有时间性"的观点。

最后，延续着长期以来的媒介学传统，即密切关注生物科学以了解媒介动态，我将转向生态与进化发育生物学的范式。这是一种在有机体发展和物种选择的过程中参考环境变化的进化发育生物学（evo-devo）。按照进化发育生物学，我们可以确定三种不同的时间尺度：基因型时间、表现型时间和主体时间；每一种尺度都会明确身体、环境和事物之间是如何相互作用的。

/ 本书概述 /

　　本书共分为七章。第一章提出一般问题：身体、环境与事物之间的互补关系，并强调了我们经常会遇到的一些关键概念。

　　第二章尝试对生物与环境混杂原理的不同方式进行历史和理论上的分析，在此过程中也会出现主要的问题和最常见的理论节点。特别是在前三小节中，我将提到古人类学、哲学人类学、美学和媒介学，以展示在所有这些不同领域内如何解决以下这种假设：作为动物的人类缺乏某种身体和行为特长（《一无所长但非一无所知的动物》，第 29 页），而这种缺乏是可以通过技术来弥补的（《技术美学》，第 36 页）。对于智人来说，环境提供了众多工具性的机会，同时工具有时也会被当作环境来体验。这种奇怪的情况可以用"生态媒介"（《生态媒介》，第 42 页）一词来概括，若同时提及媒介的生态学和生态位构建的生物学，该术语的意义会得到更好的阐述和深化。在第二小节中，将会介绍这些领域里通常使用的一些关键词（《延伸和缩减 VS 外化和内化》，第 51 页），如"延伸"会引起人们对人体和技术相互作用方式的关注。这些术语通常会（明确地或隐含地）采取以人类为中心的观点，而通过诉诸两个考古学，即媒介考古学和认知考古学（《两个考古学》，第 60 页）来进行讨论。这一做法将在最后一小节中进一步被贯彻（《亚稳态或关系》，第 68 页）——通过再可塑性、激进媒介和个体化的概念。届时我将论证，有时没有任何东西延伸或被内化（反馈），因为正是相遇过程的本身产生了实体（关系）。

在第三章中，我将对第二章提出来的问题进行个人解读。首先我将介绍"4E 认知"（《4E 认知》，第 79 页），用这个缩写来标示认知科学中的异质运动。尽管程度不同，认知科学对身体（体化认知）和环境起着十分关键的作用。其程度的可变性决定了认知是否可以被延伸、嵌入或生成。然后，我将集中讨论最后一个 E（《生成认知》，第 90 页），因为只有它能够识别媒介过程中的关系性质：对于生成认知来说，认知是从大脑、身体和环境的关系中产生的东西，而这三者中没有任何一个能够占据上风。鉴于此，我将提出，我们最后只需要 4E 中的两个 E（延伸认知和生成认知），即那些描述关系和反馈方面的认知（《我们需要几个 E》？第 96 页）。接着，我将再次审视一系列证据，这些证据能够显示，被工具改变是我们身体的自然倾向（《工具、假体、橡胶手和背心》，第 101 页）。这种改变应该从时间角度来解读（《所需要的时间》，第 112 页），即应该采取空间变量（内部、外部）和时间变量（之前、之后）作为辨别原则，来观察这种改变。只有实施这种策略，人们才能理解，延伸现象短时间内先行于内化现象，且是内化现象的必要条件。最后，我将提出一个以认知学和生物学为导向的综合理论（《关系、反馈、亚稳态》，第 117 页）。

从第四章开始出现案例分析。其中，我将提出图像与认知之间的关系问题，专门进行认知主义的辩论（《视觉的图像》，第 124 页）。接着，我将在此诉诸认知考古学，探讨身体图像和心智图像之间的因果关系，同时提出，是（目前仍然是）第一种图像生成了第二种图像，而非相反（《旧石器时代的画家》，第 131 页）。

在第五章中，我将以视觉修复工具为案例进行研究。首先是反射面，镜子便是最典型的技术实现方式（《双重的起源》，第 142 页）。从镜子开始，我们继续讨论眼镜以及它们放大世界各个方面的功能，以了解这些特点如何被用作图像实现的辅助方法（《弗美尔内化了开普勒？》，第 150 页）。最后，我们将看到，作为技术合成物，图像、镜子和眼镜是如何产生技术影像，也就是那种遵循光学规律自动产生的影像的（《技术图像 1：我是谁？》，第 157 页）。这种技术影像催生了两种技术：摄影——我们将会讨论其媒介含义——与电影。

从电影的话题我们进入第六章。由于在先前的摄影技术中引入了动态和相关的声音，因此电影不仅是视觉上的技术，也属于经验上的技术，是一种极其强大的媒介，使得静态技术图像已经存在的反馈性和关系性现象更加激化（《技术图像 2：我在哪里？》，第 168 页）。然而，电影开创的平行世界的模拟原理，如今可以在与电影关系不大但更好地遵循了经验复制原则的技术中找到踪迹。我指的首先是虚拟现实观看器，然后是视频游戏（《影像—环境与超极马里奥》，第 178 页）。

最后，在第七章中，我将介绍两个特殊的案例研究：如果说到现在位置，我们讨论的生态媒介案例优先考虑的是媒介组成部分，那么我们这里将在环境方面进行讨论。在这种情况下，主体似乎真的处于危机之中，它的极限被完全突破，它与世界之间的距离已被填满（《受到攻击的主体》，第 190 页）。导致这种深刻关系的"自然实体"有两种：致幻物质（《不协调的猴子》，第 192 页）和电（《青蛙与生化电子人》，第 198 页）。在这两种情况下，都存在一些条件，使得身体和环境融合，并产生全新、意外的东西。

第二章／**人类的二次进化**

　　本章的目的是概述我的研究情况。通过学科比较的过程，我将试着阐述一些定义，以及有机体、环境和事物之间相互作用方式的基本概念。同时，也将揭示不同学科及不同时代，有机体与媒介环境之间的关系是如何成为我们面临的核心问题之一的。因此，这是充满雄心的一章，我期待看到的不仅是对同一个问题的普遍关注，而且是多人在提供可行方案的尝试中，涌现出一些意义非凡的不谋而合。

　　在第一节中，我将介绍智人在技术中延伸自我（prolungarsi）的天生才能，即解除人体与其周围工具之间的界限，以提升其自身所欠缺的感知运动条件。第二节中，我将从古人类学和哲学的角度继续探讨这个问题，再过渡到一个纯哲学的视角，其中会涉及美学——或更确切地说是技术美学和后现象学。接着在第三节中，我的分析将会转向"环境"的概念，以指出其以生态媒介概念总结的语义学矛盾：环境不仅仅是我们居住的媒介化空间，也代表着媒介建立自主环境，并在其中将我们"包封"，将我们的实践塑造成形的能力；在这里，我将提出对于媒介生态学的一些观点，并试着去揭示其与生物科学之间的强烈共鸣。而在第四节中，我将尝试阐明一些基本原则，有机体与环境的关系正是通过这些原则构成的。这一节还将提到一个双重二分法，即一方面看到延伸和缩减的对立，另一方面看到外化和内化的对立。这些二分法描述了涉及的实体之间越界的关系运动，正如一些媒介理论家已经理解的那样。在第五节中，凭借两个考古学研究——分别关于媒介和认知，以及几次人类学考察，我将提出我认为主导了方才描述的"越界"过程的三个概念：物质性、平等性和时间性。最后，在第六节里，我将对这样一个观点提出质疑，即存在一个有机体和一个环境，且它们相互越界，该观点所支持的一个更为激进的立场认为，有机体与环境本身就是这些越界的结果（esiti），而非运动起源的预设实体。

/ 一无所长但非一无所知的动物 /

1959 年 7 月 17 日，人类获得了一个永远改变古人类学的发现：玛利亚·里奇和路易斯·里奇夫妇①（Mary Leakey & Louis Leakey）挖掘出了一具古人类标本，从而引发了关于人类起源的广泛辩论。由安德烈·勒罗伊 - 古汉（André Leroi-Gourhan）定义的鲍氏傍人（Paranthropus boisei）②成了人类在寻找第一个"亚当"的永恒辩论中的主题，因为在这具标本附近还发现了工具。与人类最古老的表现形式——双足步行一起，制造工具被认为是人类区别于其他动物的特殊技能和重要元素。

让我们想一想：我们的牙齿根本谈不上锋利；双足行走使得我们不能像其他哺乳动物那样跑得飞快，游泳也是不尽如人意；虽然我们的视力还不错，但如果一只鹰或者一只猫有人类这样的视力，

---

① 里奇夫妇为英国考古学家、人类学家。
② 鲍氏傍人为人科傍人属的一种，是早期的人族及最大的傍人。其生存于 260 万年前至 120 万年前上新世至更新世的东非。

那只有死路一条；我们的肌肉力量貌似不赖，但和黑猩猩相比就太可笑了；最后，嗅觉对于我们的作用更像是享受生活乐趣，而不是为了生存。简而言之，我们本身一无所长，除非我们讨论另一个层面的特长，即不涉及身体而着眼于在人体外部产生的能力——技术。我们表现出来的解剖学特长的稀缺，实际上是由技术能力抵消掉了。技术能力不应该被视为一种边缘现象，而应该是我们人类物种进化的关键。这是古人类学家安德烈·勒罗伊 - 古汉提出的众多论点之一。在进入本章的中心话题之前，一些关键过程值得重点介绍。

在《进化与技术》（*Evoluzione e tecniche*）这本书中，这位法国学者奠定了一些理论基础，并在二十年后的著作《手势与语言》（*Gesto e la parola*）中完善了这些理论。在由两卷组成的第一部作品中，作者提出了技术进化和生物进化之间强烈的并行性，其中引用了强大的决定论（determinismo），通过趋势和事实（tedenza e fatto）的概念将这两个维度联系起来："趋势和事实（一个是抽象的，另一个是具体的）是进化决定论同一现象的两个面。由于进化在同一方向上标记着人本身，以及人大脑和手的产物，因此总体结果转化为身体进化曲线和技术曲线之间的平行关系，这是正常的。"随后，是对不同形式的技术进行百科全书式的介绍，从简单作用于物质的技术，再到对自然原理的不同控制技术。

在第二卷中，这位人类学家试图在人类群体的定义模型内，通过讨论发明和借用，而对以上技术的起源过程和传播过程进行解释。正是在这里，技术趋势的概念又回来了，且伴随着内部环境

（ambiente interno）和外部环境（ambiente esterno）的概念："趋势穿过浸入到每个人类群体心智传统中的内部环境；在这里它获得了特殊的属性，然后与外部环境相遇，后者为这些获得的属性提供了无规律渗透的可能性，在内部环境和外部环境的接触点上，构成人类普遍物质财富总体的物体'渗透膜'最终形成。"

令人好奇的是，勒罗伊 - 古汉将内部环境定义为我们通常所说的主体、个体、有机体。在结束这次侦查，到达法国学者著作的最终论点之前，我们还将回到环境一词的深度上。在同样分为两卷的《手势与语言》中，其总论点——在相关科学界有广泛影响——即人类智能进化的解释不能从大脑开始，而应该从双脚开始：通过建立严格的身体结构优先级，人类的进化始于双足行走姿势的出现。这本书描述了这一伟大变化催生的解剖学影响，并提出将大脑视为身体的"租客"这一观点，即大脑这个实体享用着骨骼结构让与它的空间。大脑遵循，而不是决定。

作者将一种从猴属（pitecomorfi）中分离出来的生物（即人类）分为三个类别：古人类（arcantropi）、旧人类（paleantropi）和新人类（neantropi），并对这三者进行了严格的解剖学比较研究。他发现，颅骨结构的变化产生了一系列影响，这些影响在智人（新人类的唯一例子，智人中的一支克罗马侬人留下了最古老的化石遗迹）中导致了几乎彻底的大脑进化。也就是说，从纯解剖学角度来看，这种进化已经到达一个实际上无法逾越的结构极限。在"皮层扇"打开之后，大脑克服了空间屏障，从而获得了当前的容量和组织结构：这是新人类独有的经历，使得前额叶皮层——高级认知功能的中心——得以发展。换句话说，在解剖学上讲，从鲍氏傍人开始的进化之旅以我们智人物种的出现为终点。

从某种意义上来说，这意味着我们不会再进化了。正是勒罗伊 - 古汉本人对这一观点背后蕴藏的含义提出了质疑："人类的轨迹是否有可能延长？考虑到这些基本特性（垂直姿势、手、工具、语言），人类这个装置也许早在一百万年前就已经到达了进化的顶点。"当然，细微的改变还可能发生，比如通过对牙齿装置的改变，但"需要认识到，要想按照生理和心理的概念保持人的本色，我们便不能预先假设一个非常广阔的空间"。

人类的生物学和进化常数之一是大脑能力和技术生产之间的一致："在极其漫长的进化过程中，在南方古猿和古人类中，技术似乎一直追随着生物进化的节奏"，但正如我们所看到的，当物理结构（和大脑结构）与技术产物之间的一致性在新人类身上停滞的时候，这条路似乎已经到了尽头。然而，不能说智人在这期间没有进化，因为虽然我们在解剖学上已经止步了几万年，但我们从根本上改变了我们在地球上的生态状况。

那接着发生了什么？勒罗伊 - 古汉认为，"似乎正是'前额叶事件'，打断了原先使人类成为受物种行为正常规律制约的动物学生命这一生物进化的曲线。在智人中，技术不再与细胞的进展联系在一起，而似乎完全外部化，并在某种意义上独立生活"。这种外化带来了根本性的后果：它不仅脱离了原始结构，即有机体的进化，甚至还将有机体解放出来，以获得不同种类的性能。就像两足行走解放了双手一样，技术释放了手势以外的潜能，开创了以间接方式使用手而衍生的"操作性相互联系":"间接动力的手相当于一次新的'解放',因为原动手势在一个使其延长和改变,由手制造的机器中得到了解放。"

让我们再往回追溯二十多年,1940 年,德国哲学家阿尔诺德·盖伦(Arnold Gehlen)提出了一个类似的解读。他首先指出:与勒罗伊-古汉的观点一致,人类社会从未出现过真正生活在自然状况下的社会,因为最早的媒介化形式要追溯到智人以前,而智人在自己称之为"新石器革命"(rivoluzione neolitica)的过程中,通过工具在环境领域实现了惊人的飞跃。盖伦也从这样一个明确的观点出发,即我们是缺乏任何感官运动特长的动物,因此我们唯一的生存机会就在于"豁免"(esonero)概念中。这个概念大致可以概括如下:人类在一定范围内免责于其环境,如果人类可以与环境保持距离,那么人类能在由语言和具有可塑性但并非极度专业化的运动技能所赋予他的想象和表象世界里自由行走,从而脱离感知和情境的直接性。如果是这样,那么可以说,这种生态自由是生态缺陷的积极对立面,因此这些条件将导致一个不可避免的事实:"人必须用工具和自身行动为自己寻求豁免(Entlastungen),也就是说,将其生存的不足条件转化为有利于生存的可能性。"

因此,盖伦肯定地指出,人必须通过自己的工具来寻求豁免;在这种情况下,工具更应被理解为认知装置,而不是物理装置和辅助物。但同样地,很快也就弄清楚了豁免是如何成为进入技术创造过程的关键,即作为自然进程的媒介化的可能性条件:"人类所有的高级功能,不仅包括在所有智力和道德生活领域的,也包括在运动和操作磨炼领域的，之所以获得发展，都是由于建立了稳定和基本的习惯，豁免并释放了原本用于发起、尝试、控制的能量，以使其获得更高种类的性能。"

通过语言实施的内部重构，我们将自己从环境中提升出来——关于这一点，盖伦正是在专门讨论运动技能和认知之间关系的章节中谈到了反馈——为技术世界打开了大门。盖伦在 1957 年发表的作品是在之前作品《人》（Uomo）中所提到的理论背景下成形的，因此肯定受到了第二次世界大战的影响，而这又是一次极具戏剧冲突、由技术发展所决定的大事件。该作品第一章以一个标题为"有机物及其替代物"（L'organico e la sua sostituzione）的小节作为开头，盖伦在最初的几页中就描述了一个我们将逐渐了解的过程，这个过程以一种独特的方式描述了智人与环境的生态关系，且这种关系存在于技术在其创造的有机体中的系统融合中。他提出了三种能够用工具替代身体和认知的有机功能的方法：它们能够替代（sostituire）、增强（potenziare）或促进（agevolare）个体的美学功能。增强功能又分为强化（intensificazione）和融合（integrazione），我们可以用武器为例来阐明这些概念：石头和棍子是强化媒介（量的增加），投掷武器和最现代的火器则是融合媒介（质的增加）。

这位哲学家继续强调技术进步的不可阻挡性，认为这是人类对环境实行豁免态度的必然结果。根据盖伦的说法，实际上人类在试图给所有随机的和不可预测的事件——从气候的恶劣变化，到畸形婴儿的出生——赋予一种秩序和意义时，一直尝试通过各种计策来

"稳定世界的节奏"。因此，巫术和集体仪式可能是同样的控制冲动的非理性解决方式，这种冲动也制约着技术进步。在使得巫术和技术之间相互关系合法化的过程中，盖伦为我们提供了一个具有启示性的假体关系的例子。人在宇宙秩序和规律性中，发现了一种个人和虚构的秩序的保证，用盖伦的话来说，人在自然中理解，然后又与自然分离。然而，这个结合的过程是豁免的，即它倾向于调节环境以满足规律性的需求，因此最初与环境的共存只是其走向控制环境的一个阶段。所以，为了行使更大的控制权，能够增加人类调控范围的工具变得必不可少，人类花费的精力越来越少，如此"实际控制的较小范围与想象中被控制的较大范围完全一致"。

总之，智人显然是一个具有独特生物学环境特征的物种：构成它的表型是没有任何专长的专家们，是一种在其本身能力外化过程中获得进化成功和生存的生物。这就好像是，以一种完全不同的方式，身体没有将皮肤视为限制，而是穿过皮肤延伸到外部世界，并且它不局限于居住在世界上，它还想要世界组成性地参与到其感觉运动过程的实现中去。借用两个隐喻概括当前状况的定义，当代个体可以自定义为一个媒介人（mediantropo），且属技术智人物种（Homo technologicus）。那么，让我们开始探索这种令人好奇的进化异常所蕴含的意义吧。

/ 技术美学 /

美学（Aisthesis）是处理感性认识的学科。在各种哲学中，它负责研究我们感知和设计周围环境的方式。它也是美的哲学论，因此涉及艺术和艺术经验。可绝非偶然的是，艺术可以被认为是感性及认知体验的最强烈形式，因此在学科传统中早已成为美学研究最偏爱的对象，也就不足为奇了。

假设我将自己列入人数众多的美学家行列，我不认为我们应该把美学经验降低至艺术经验，至少不是绝对的。当然，在其模范性上，艺术显露或宣布了特定的经验条件，但经验本身才是分析的原始对象。我们应该首先关注的是美学的状态，而艺术品能够被有效地用作激发和探索不寻常体验的工具。从这个意义上来说，美国哲学家约翰·杜威在1934年首次发表的分析堪称典范：艺术不是伴随在通常经验的外部或为其附属之物，相反地，"艺术在其形式上实现了实施与承受、能量输出与输入之间关系的统一，这使得经历成为一种经验。当感知结果具有某种性质，以至于其感知的品质特征支配了制造问题，实施或创造就是艺术性的"。

要理解艺术作品，首先必须了解我们人类与周围环境建立的互动方式，而撇开任何具体的艺术目的。在描述这种关系时，杜威认识到，作为理解艺术以及理解有机体与其环境建立的互动关系的关键，经验具有绝对的重要性。因此，他自问，"在生物与其周围环境的初始关系阶段，后天倾向的反响始终发生变化，而这些倾向无法归因于明确或理智的意识。如果不是基于这个事实"，那么应该如何解释强烈的经验？

该角度的另一个特点是，运动能力不仅通过一个有意识和受控制的行为来实现，而且还具有先天性的外部特征，更准确地说，是具有一系列潜在运动的可能性，这些可能性根据其主体所处的环境而变得可被使用。拥有良好的运动能力不仅仅意味着以正确的方式行事，而是指拥有一个运动技能库，并知道如何对之进行有效的管理。感觉运动的统一，以及心智、自我、意识和环境等概念完全的相互依存，是杜威美学的重要支柱："当一个人因某个行动而承受某些后果时，自我就会被修改。态度和关注的建立本身就体现了所实施和所承受事物的意义的残余。它们构成了自我观察、关心、关注和提出问题的基础。"

那么，艺术成果成了一种体验条件，在这种条件下，体验本身变得更加强烈，人与环境之间相互作用的充分性成为进入审美的条件。因此，艺术品就是那个引发强化过程的物体，它将其自身置于享有者的身体和感知空间之间，使享有者处于超越自身的生态环境中，克服关系的惯例，使人类所特有的对稳定性和延续的永久追求失去平衡。

现在，正如我们在上一段中所看到的那样，我们这个物种的特点，是把技术作为经验的真正基本条件。美学作为一种经验哲学，必须能够认识到这种特殊的情况。因此，并非偶然的是，恰恰在那些把美学理解为感性认知科学的美学家之中，有一些将其研究的方向正好放在了体验技术上。

技术美学（Tecnoestetica）是必要的，这个术语借自在本书中将会多次遇到的作者吉尔伯特·西蒙栋，或者说一种允许技术和美学"跨类别融合"的方法。对西蒙栋和杜威一样，感觉运动方面是技术美学愉悦的基础："技术美学并没有把冥想作为其主要类别。而是在使用中、在行动的过程中，技术美学以某种方式变得兴奋，成为触觉及刺激的原动力。"由此可见，艺术是一种行为形式，类似于进行一种体育运动或实施一种手动操作，所以"它是一个将美学和技术连接的连续光谱"。

最近，皮耶罗·蒙塔尼（Pietro Montani）说明了杜威的作品和西蒙栋的作品之间的连续性，提出一种美学诠释途径，其核心主题为有机体与环境之间相互作用的动态发展，并不时验证这些互动的影响，特别是关于可能由此产生的创造力的实例，以及关于它们所处的社会环境。在这种情况下，可穿戴技术（wearable technologies）领域的显著例子——谷歌眼镜①（Google Glass）的视

─────────────

① 谷歌眼镜（Google Project Glass），谷歌公司于 2012 年发布的一款"拓展现实"眼镜，它和智能手机的功能相同，可以通过声音控制拍照、视频通话，还有上网、处理文字信息、电子邮件等功能。

觉界面作为一种连接有机体和环境之间关系的技术而成为典范。根据蒙塔尼的分析，谷歌眼镜的使用将引出两个技术美学视野的可能方向：在一个方向上，眼镜成为一种过滤器，在为使用者提供的信息基础上，通过恢复一些"增加"的方面来构成现实；另一个方向上，眼镜则成为眼睛的强大延伸，人们通过它将看到比肉眼所及更多的东西。

无论如何，无论朝着哪个方向发展，我们都必须牢记：在一定意义上，我们所处的环境总是在增加，也就是说，环境中的信息超出了单纯的对世界的生态学感知。这对智人来说原本就是可能的，因为智人享受了第一项非凡的技术——语言。这种重塑世界的能力被这位美学家定义为"赋权"（empowerment），或者说是"有机体和无机体的独特结合的实现，只有在实际活动中才能发现自身及其潜力"。我们可以时常付诸行动地赋权——接受由技术结合而可能产生的媒介作用——能够以两种对立又互补的方式引起艺术创作，即与之前的技术美学条件实现一种连续性或不连续性。蒙塔尼提出，这两种可能性在美学上都是适用的，因为它们都能够"实行想象力和语言之间关系自动作用的分离运动，以探索关系空间本身，或者说是试图根据新的规则来重建空间"。

另一种注意到身体和技术之间的自然连续性的途径是由哲学家唐·伊德（Don Ihde）开创的。这是一项历时三十年的认识论事业，这位美国哲学家为发起人和主要诠释者。在他的著作《技术与实践》（Technics and Praxis）中，所有我们迄今所探讨的问题都已经被清晰地呈现了出来：行动、实践，先于知识出现且以某种方式建立了知识；对人与机器关系现象学的研究；感知在工具的合并过程后被技术改变的假设。基于直接源自现象学的词汇和认知论——这个原因随后促使他定义了他本人发起的研究领域"后现象学"（postfenomenologia），后者也被理解为一种杜威的实用主义和对技术的关注混合在一起的现象学——伊德建议将技术引起的经验转变视为非中性的，也就是说，这类转变带来了意向性方面的结构性后果。

这位美国哲学家提供的例子如下：让我们假设有一个观察者正看着月亮。这将是对天体的直接感知，该天体则构成了经验的意向相关项（对象）。如果同一观察者通过望远镜看月亮，那么意向相关项（月亮）保持不变，但这种被媒介作用后的感知为观察者提供了新的可见信息（如月球上的山脉和火山口）。因此，工具尽管是视觉意向的一部分，但并不是感知的目的，而只是手段（mezzo）：它成了获得新知识的一个条件（condizione）。简而言之，如果望远镜尽其职能，它会变为"半透明的"，正是因为这种半透明工具，月亮才如同被放大了一般清晰："因此，从经验和意向弧角度来看，工具可被定性为观察者被扩展的经验的一部分。工具在被使用过程中成了观察者的准延伸。"

半透明（Semi-trasparente）和准延伸（quasi-estensione），这两个术语明显表示该工具没有完全同化。它不见了，但又没有完全消失；它延伸了，但又带着一些反抗。之所以出现这种情况，是因为在被媒介作用后的感知和直接感知之间存在着差异，对于伊德来说，这些差异是结构上的。诚然，由望远镜引起的感知转变将月亮放大了，但却把月亮从自然空间中隔离开来；此外，工具的使用减少了与对象的身体关系；最后，每个媒介作用后的观察都只能是一维观察。综合以上所有原因，伊德认为，扩大—缩减结构对于任何形式的媒介化经验都是必不可少的。

我们将在以下小节中继续讨论这些问题。同时，在这里我们开始看到，不管是美学还是后现象学，均将媒介问题置于中心位置，呈现出一些有机体和技术工具之间的区别并非总是平和的场景：有时候，工具成为经验的一个组成部分，构成性地塑造了经验的特征。然而，与工具结合的有机体总是在特定的环境中行动并感知：环境在我们探索的动态中扮演什么角色呢？在下一小节我将试着说明：为什么环境的概念与有机体的概念有着同样的作用，或者假如考虑该词带来的语义学差异，有更重要的作用？正如杜威提醒我们的那样："只有在非常表面的意义上，外表才是有机体的终点和其环境的起点。这种需求表现在迫切的推动中，这些推动必须由环境——也只有环境——的供给来满足，是对自我作为一个整体对周围环境的这种依赖的动态认识。"

/ 生态媒介 /

　　到目前为止，我们已经发现，身体展示出可以被工具改变的能力。人类这个一无所长的动物，能够通过物理外化来扩展其进化轨道，这种外化也不可避免地改变了人的美学体验和感官认识体验。但是，身体始终是在环境中运动的实体：说实话，从现象学上讲，一个脱离周围环境的身体是不存在的。在这经验的两个构成极之间，媒介通过调整现有关系的强度，以及为新的相互作用创造可能条件，来调节有机体与环境之间不间断且不可避免的相互作用。我将尝试证明，实际上更为彻底的是，我们是通过持续的生态媒介的（ecomediale）暴露，根据有机体和环境之间形成相互关系的不同方式而构成的有机体。

　　"生态媒介的"这一术语传神地表明了事物与世界、媒介与环境之间的不可分割性，不管是物理上还是功能上的。如同我们在身体的例子中看到的那样，媒介对于环境也会变得越来越稀薄，直至消失：就像我们不会关注我们穿的衣服和看东西用的眼镜一样，我们同样会忽视用于通行的道路、我们接触到的表面、我们居住的房屋，这些实际上都是人工媒介，只是它们已经与环境融为一体，以至于变成了环境本身。但不仅如此：如果我们接受这样的理论实例，即当代数字媒体表现为真正的自主且平行的环境以及待探索的可能世界，媒介和环境的交织会变得更加错综复杂。那么，我们将同时处于媒介环境（ambienti mediali）和环境媒介（media ambientali）之中。也就是说，我们不仅身处超媒介化的环境中，而且更重要的是，处于表现出自然环境特征的媒介之中，这些媒介因此被居住在其中的有机体当作不易察觉的背景和理所当然的存在。

媒介与环境之间的渗透性是一个被长期讨论的问题。此外，学者们处理生态媒介关系时所在的解释平面有时候也是可渗透的。令人好奇的是，生物学家和科技哲学家对技术对象的相互关注，被一个高度关注生物科学和生态学的媒介学家的回归运动抵消掉了。在本小节中，我想要揭示这种独特、富有成果的融合。

在这位法国哲学家吉尔伯特·西蒙栋的作品中，我们可以再一次找到最有效的例子之一。在西蒙栋 1958 年的博士论文中，他提出了以技术对象的存在方式为中心的基本理论直觉。这就是我在上一节中介绍的技术美学概念。这个概念或许是法语单词 "mileu" 的一词多义——既指 "环境" 又指 "中间物"，即某种意义上位于中间的东西——为他的直觉提供了帮助。在西蒙栋因两个含义而对该概念犹豫时，他提出了一个推测性提议："可以说，具体化的发明实现了一个技术—地理环境，这是技术对象运作的可能性条件。

因此，技术对象是其自身的条件，也是这个混合环境，同时也是技术和地理环境的存在条件。"在西蒙栋的这段话中，我们可以找出两个具有显著含义的直觉：第一个直觉目前与我们关系不大，我们将在下一章进行探讨，指的是实体之间的关系生产（具体化）技术对象，其起源无法追溯到被单独考虑的原始元素中，而只能在关系本身中，因此关系具有一种本体论价值；第二个直觉与我们所说的媒介与环境之间的交织一致，是在这些对象具体化之后，创造了一种内在且不可分割的技术地理（即媒介的和自然的）环境，也就是说，对象"自己创造了与它相关的环境，并在其中被真正识别"。此外，也许值得一提的是，西蒙栋的博士论文是在乔治·康吉莱姆（Georges Canguilhem）的指导下完成的，他很可能从康吉莱姆这里学习到了很多与生物形成有关的思想。

将媒介和环境统一起来的理论隐喻是以多样化的方式来阐述的，在相当长的历史时期内，我们可以定义的并非一个理论项目，而是一种异质、分层的时空运动。我说的所谓媒介生态学，是由尼尔·波兹曼（Neil Postman）在 1970 年正式创立的多学科认识论事业，但其根源要追溯到 20 世纪的前几十年，尤其是在德国先锋派革命之后发展起来的媒介美学理论中。最具有启发性的人物首先是沃尔特·本杰明（Walter Benjamin），他广泛的知识轨迹帮助定义了许多与感知和媒介作用有关的问题。同样拥有重要地位的还有拉斯洛·莫霍利·纳吉（László Moholy-Nagy），他对视觉艺术新用途的反思，准确地说，是对媒介改变现实感知方式的反思。

然而，媒介生态学在北美已经确立了其研究范式。刘易斯·芒福德（Lewis Mumford）被认为是该学科的创始人之一和最有影响力的启发者；他的作品经历了极权制度的兴起和人类迄今所见过的最媒介化和现代化的战争。其作品《技术与文明》（*Tecnica e cultura*，1934年首次出版，与杜威的著作同步）如今已成为媒介研究的经典之作。例如：芒福德对先锋派，摄影和电影在媒介过程中所起作用的看法，与当时沃尔特·本杰明和拉斯洛·莫霍利·纳吉提出的最尖锐、最有远见的反思是一致的。在专门论述"机器的同化"一章中，芒福德的思想为有机体与环境之间的关系这一主题提供了重要的见解，尤其是在艺术创作方面："事实上，在简单的手工艺工具创造的艺术之外，机器又增加了一系列新的艺术，它扩展了文明人类的栖息地，延伸了身体器官的范围，并揭示了新的美学全景和新的世界。"媒介改变了人们对环境的体验，形成了一种自然和象征结合的环境，在其中察觉不到任何差异。这种改变增加了人类的感觉能力，并使我们不仅可以进入象征的世界，还可以真正地进入生物学上无法企及的感知领域。

生物科学从一开始就扮演了媒介生态学所偏爱的比较原型的角色。例如：芒福德设想的技术阶段的三分法，是从生物学家帕特里克·格迪斯（Patrick Geddes）提出的二分法开始的：后者确立了两个阶段——古技术阶段（paleotecnica）和新技术阶段（neotecnica），芒福德则提议增加第三个阶段——始技术时代（eotecnica）——给出了相对随后两个阶段的纯技术性准备条件。正是在那些年里，出现了一篇对这些学科融合的命运具有决定性意义的文章，这篇文章确定了"环境"一词被普遍接受的含义，也有助于生态学的研究。我所指的是雅各布·冯·魏克斯库尔（Jakob von Uexküll）的作品（同样于1934年首次出版），借此这位德国生物学家彻底改变了环境的概念，使环境与居住在其中的各种有机体的感知系统联系起来。每个动物都会进入自己的特定环境，这个特定环境由该动物的感受和效应器官分别提供的感知和操作可能性所决定。更准确地说，动物可以感知的图像转化为具体的图像，以使其周围的环境具有"具体的色调"，即抓住一个特定对象或空间带来的运动和生态机会。在冯·魏克斯库尔看来，正是在认识到感知与行动、感知世界与具体世界之间的连续性之后，人们才能找到"符合"环境的方式。在使用"符合"（adeguamento）而非更正统的"适应"（adattamento）这一术语时，冯·魏克斯库尔对达尔文主义的批评显而易见。他认为，达尔文主义没有充分考虑到有机体与其环境之间建立的复杂的动态关系。与西蒙栋的对应关系在此具有重要意义，原因有两个：法国哲学家也认为"除了一个生物能够与感知世界融合为行动统一体的环境之外，不存在任何环境"；除此，正是在这段专门论述"个体化和适应"的小节中，他提出了对达尔文观点的批评，同时对拉马克（Lamarck）重新解读。

这种对有机体和环境之间关系的认识是格雷戈里·贝特森（Gregory Bateson）作品的显著特点。贝特森是一位无视学科分类的多面手，在一篇文章中他试图阐明基因选择和环境压力之间的关系，并试图认识到有机体的积极作用，同时又严格处于新达尔文主义范式内。事实上，从对拉马克学说的明确拒绝开始——根据拉马克学说，"没有理由相信，体质变化或环境变化能够施加合适的基因变化"——贝特森引入了体质灵活性（flessibilita' somatica）的概念，即有机体通过模仿拉马克的遗传法则来回应环境刺激的能力。在他的提议中，基因仍然是进化过程中的唯一责任方，尽管只有当基因能够为有机体做好充分准备以应对环境带来的挑战时，人类的生存才能得到保证。

贝特森提出的观点是介绍本书中一个反复出现的概念的核心，即在有机体和环境之间没有严格的对立，而是两者都是从它们之间建立的关系以及所产生的追溯效力所决定的。芬兰媒介学家尤西·帕里卡（Jussi Parikka）深入探讨了这一发现的含义，并对冯·魏克斯库尔的研究给予了高度关注。他在提到这位爱沙尼亚生物学家的成就时写道："冯·魏克斯库尔所暗示的是，我们面对的不是预先确定的自然对象，而是由他们的相遇开启的可能性所定义的主体—对象关系。"与开放性、可能性、灵活性和相互共同决定的相关论点，是我们正在系统地面对的主题，它们似乎构成了有机体与环境之间关系的概念的特征，而这种关系并非在两个已形成的实体之间建立，而是作为创造这些实体的因素，从不确定和开放的两个极端中产生的。

关于人和环境之间的关系，今天的生物科学又告诉我们什么呢？我们看到的是这样一种情景，其中对选择性压力的分析试图超越基因和环境的直接结合。有机体在考虑进化背景下的发展过程的途径中发挥了关键的作用：发展的生物进化，或称演化发育生物学，其目的是在涉及基因的纯进化动态和涉及表型及其发展背景的发展动态之间进行综合。亚历山德罗·米内力（Alessandro

Minelli）表明，一种"曲意逢迎、模棱两可的目的论"依然存在：发生这种情况的原因是，人们有可能"把基因程序的隐喻看得太重，尤其是把基因置于过高的地位。最重要的是，人们很容易接受一种发展的宿命论观点，而这种观点与目的论十分接近"。人们"将基因置于一切的中心"这种纯理论的态度，是因为人们不愿意承认，其他因素也可能会带来进化上的革新。但对于演化发育生物学，如此设想的研究计划"不会走太远，因为它选择了错误的实体来描述和解释这种现象"。考虑到有机体的发展不仅是遗传程序的结果，演化发育生物学扩展了所涉及的变数：与一开始就存在的遗传程序相反，发展只是暂时性的相互连接，并关系到它所形成的特定物种的命运。

现在，鉴于这一点，我们是否有可能假设，环境或者我们所看到的生态环境，可能在改变有机体的进化压力中起到直接的因果作用？根据生态位建立的理论，这一理论的作者奥德林 - 斯米（Odling-Smee）与拉兰德·费尔德曼（Laland e Feldman）提出了这样的假设：生态位是居住在生态位中的有机体优化后的环境，构建生态位的能力可以作为进化的因果变量。一个种群的生态位是指"种群面临的所有的自然选择压力的总和"。然而，生态位的构建是指有机体通过对环境的物理干预来修改环境因素，或者说是这些因素与其特征的过程。在这种情况下，当一个有机体必须面对环境因素与其特征之间关系的变化，就会发生生态遗传。这种变化是由先前的生态位建造而产生的，或者由属于其他物种的其他有机体实现的。最后一个方面强调，生态位构建理论不仅对智人有效，且对所有生物物种都有效，因为其并不涉及信息从一代传递到下一代的问题，比如在基因—文化共同演化（gene-culture coevolution）的例子中。但最根本的是，对环境干预所产生的一系列空间因素的总和，无论是否预见到，都是有意制造的产品或不同生物种类间随机重组的结果。尽管如此，该理论的支持者们坚信，这种方法可以使人们对文化和人性之间的共同演化动态有更深刻的理解。

因此，在演化发育和生态位构建之间存在着某种互补性，只要"生态位的构建强调有机体改变其环境的能力；演化发育生物学则强调了环境改变有机体发育的能力"。这种对等性并没有被作为标准而接受，相反的，它与"经典"观念形成对立，如同我们在介绍演化发育生物学时看到的，这种观念把唯一应该真正考虑的因果作用归为基因。简而言之，从有机体到环境、从环境再到有机体的相互因果关系（causalità reciproca）原则生效的话，很可能是一个危险的想法。消除以这种方式设构想的因果关系的论点，可以大致归于两类：生态位的作用被认为是偶发、与适应目的无关的（作用轻微，只能作为一个背景条件或一次选择的效果，不具有适应性），或者由于过于异质和不稳定，而无法进行正式处理。

如果环境确实产生了这些影响——不仅对智人，而且对所有生物有机体——那么我们就必须开始考虑这样的假设：在有机物与其环境之间，形成了一些力量和相互关系，威胁着主体与客体、有机体与环境之间的差异。从这个意义上来说，人类世①（Antropocene）

---

① 人类世是指地球的最近代历史，人类世并没有准确的开始年份，可能是由 18 世纪末人类活动对气候及生态系统造成全球性影响开始。

不过是更普遍现象的一种最新表现，揭示了有机体和环境之间不断混杂的关系。这是德勒兹（Deleuze）和瓜塔里（Guattari）所描述的根茎：由线条组成，没有层次，总是在不同层次的交会处，也就是一致性平面的结构中交替出现。这个根茎不是预先构成的个体，也不是一个确定的空间，它不会回应已编码的生物学项目，而是会永久地被限定在关系中："在这个意义上说，胚胎发育（embriogenesi）和系统发育（filogenesi）推翻了它们的关系：在一个封闭的环境中，不再是胚胎证明一个绝对的预设形式，而是种群的系统发育具有相对形式的自由，因为它们都不是在开放的环境中预设的。"

虽然这种情况似乎存在于不同的物种之间，但我的注意力将只集中在智人的情况上，因为我们的物种——如我们在第一节中看到的，在本书接下来的部分还会看到——不仅在与环境的关系中，也在与其所包含的媒介的关系中产生了差距。在阐明这一差距时，我想强调媒介的实质性，并将此作为指导原则。为了保持在媒介理论和生态哲学的比较范围内，正如特尔姆·比耶瓦尼（Telmo Pievani）提出的那样，基因—文化共同演化应该被贴上"基因—技术共同演化"（gene-technology coevolution）的标签，即有机体和实在人造物的共同演化。我们需要整合更多变量的模型，这些模型要考虑到有机体、环境和技术之间不同层次的关系和反作用。之后，我们会回到生物学上（《所需要的时间》，第112页），但在此之前，我们将看到某种媒介理论是如何提出了有机物在无机物中的物质性和延展的问题以及反向运动，即无机物被引入有机物中产生的同样问题。

/ 延伸和缩减 VS 外化与内化 /

内尔·哈维森（Neil Harbisson）是一位色盲患者，他只能看到灰阶色彩。对他来说，世界就像安塞尔·亚当斯[①]（Ansel Adams）的摄影作品一样，在其中只能靠光线决定万物的轮廓。不过，内尔·哈维森也是一位表演者，还是第一个被正式认可的生化电子人[②]，因为在他护照的照片上，出现的不仅仅是他本人，还有他的电子眼（eyeborg），一个从枕骨顶部突出并投射在他眼前的天线。多亏了这个电子眼，颜色通过振动发出声音，从天线的底部传播到他的整个头部：他通过技术获得了延伸。但是，内尔不能用耳朵听到他眼睛看不见的颜色。事实上，我们甚至不能说他能听到：他只是通过与天线的结合开发了一种新的感觉，增加了他的感官。

马可·唐纳鲁马（Marco Donnarumma）是一位意大利表演艺术家。他最近的实验研究是基于"Xth Sense 技术"的，这项

---

① 美国摄影师，以拍摄黑白风光作品见长。
② 生化电子人（cyborg），也称为"控制论有机体"（cybernetic organism）。

技术能够使他利用生物反馈（biofeedback）的原理，通过肌肉收缩来创作音乐。更准确的是，在体机结合中，他的身体不仅是技术的直接控制者，且是真正的音乐来源，因为肌肉收缩产生的声音会被一些传声器录下来，并被用作直接的音乐来源和数据处理源。

自从生化人运动从科幻小说的气氛中走出来，通过唐娜·哈维拉①（Donna Haraway）的宣言而进入现实的想象中以来，延伸和融合的隐喻也具有了表演和社会的性质，而不仅是学术性。不过，关于延伸概念的研究和探讨要出现得更早，19世纪时学者们对这一主题的关注就已经非常敏锐了。在研究媒介的领域中，该术语的首次使用通常被归于德国哲学家恩斯特·卡普（Ernst Kapp）。众所周知的是，是马歇尔·麦克卢汉在其最著名的作品中为这个术语确立了决定性的地位：媒介是人的延伸，它麻痹并取代有机体的功能。《理解媒介》（*Understanding Media*）这本书整个第一部分都是麦克卢汉学说成熟又令人震撼的宣言，其萌芽可追溯到50年代初的《探索》（*Explorations*）期刊中。麦克卢汉的论点引起了巨大的争议，一方面是因为它们是绝对原创的，是在媒介生态学运动和英国新批评（new criticism）中孵化的一般分析性革新中阐明的；另一方面是因为这些观点具有挑衅性，有时甚至是怪异的。因此，对麦克卢汉世界的探索远远超出了本书的范围：尼古拉·本特科斯特（Nicola Pentecoste）对其整个知识轨迹进行了绝

---

① 唐娜·哈维拉（Donna Haraway），美国哲学家，主要研究后现代女权主义。最重要的作品为《赛博格宣言》。

佳的批判性解读，没有落入一般爱好者和激进批评家之间的划分中。同时，其美学问题则由雷纳托·巴里利（Renato Barilli）进行了研究。

也就是说，在这个无边际的世界中，我只想讨论延伸（estensione）概念的含义。在媒介生态学领域重新提出了延伸隐喻的是另一位作者爱德华·霍尔（Edward Hall），他写道："如果不以明确的某种方式改变其环境，任何有机体都无法生存。环境的改变可以分为两个互补的过程——外化（sternalizzare）和内化（interiorizzare），这两个过程无处不在、持续不断，且标准无异。"在这里，这位学者告诉我们，外化有一个与之互补的过程，即内化，它平衡了前者。霍尔又继续深入到外化的过程中，但随意地使用了术语"延伸"，就好像两者是完美的共同延伸。他在一篇文章中写道："延伸还有别的作用：它让我们检验和完善脑袋里的东西。一旦某件事物被外化，你就可以对其进行观察、研究、改变、完善，同时学习到关于自身的重要东西。"霍尔在把"延伸转移"（extension transference）确定为使延伸与延伸过程混淆的惯常做法时，表现出了严谨的分析态度，对他来说，延伸和外化实际上是两个几乎无法区分的术语。

霍尔的简短解读提出了两个值得深入探讨的问题：第一个是关于可用来指代主体扩展（allargamento）过程（延伸、外化）的术语装置（apparato terminologico）；第二个问题则涉及此过程中伴随的假设的双向性（bidirezionalità），霍尔将其指为内化。内化则不像之前的外化一样，它没有备选术语。如果我们分析这些用到的单词就会发现，术语的贫乏是不对称的：外化有与之对应的内化来平衡，但缺少一个与延伸相互补充的术语。为了弥合这种不对称性，我们借用伊德提出的现象学结构（《技术美学》，第 36 页），稍加修改，便可以将延伸与缩减（riduzione）一词配对，用后者来指代与前者互补的活动。因此，出现了这个双重二分法，我们可以暂时将其称为：延伸 / 缩减；外化 / 内化。

这个双重二分法的含义值得探讨，好评估其经验的转化特征。在最近的一项研究中，皮耶罗·蒙塔尼（Pietro Montani）重提赋权的概念，将其引用于数字技术，并将后者归结为书写的扩展形式作用。在他的分析中显然可以看出，实际的技术美学赋权，其条件在于所展示的技术的内化。然而，动态运动涉及一个初步的外化过程："真正的技术革命之所以会出现，是因为在推动革命的外化事件（在书写的例子中，是将之前由记忆行使的功能委托给一个外部载体）和该事件开始在内部产生的后果之间，触发了强大的反馈回路。"因此，内化是由先前的外化启动的一个反馈（feedback）过程的结果。蒙塔尼的分析始于这样一种观察，即口头语言构成了一个关于赋权的绝佳例子，随着人们不断尝试延伸（外化）记忆过程，书写便诞生了。

实际上，将口语条件和书面条件区分开来的门槛，本身就是一个耐人寻味的分析对象。对于这个话题，生态媒介学家和耶稣会修士瓦尔特·翁（Walter Ong）专门进行了一项研究，描述了书写的内化是如何重构了人类的思想，一方面扩展了某些智力功能，一方面又将其缩减。这种转变的优点是值得深入探讨的。比如说，米尔曼·帕里（Milman Parry）提出了一个已然获得公认的论点，即《伊利亚特》和《奥德赛》①在最初并不是两部原创的书写作品，而是依靠口头创作的六音步诗的表达形式而衍生的改编作品。抛开这一论证在文学研究领域的影响，就我们的目的而言，需要了解的一个重要事实是：这两部作品在一定程度上是一种尚未受到书写影响的思想表达方式的具体证明。事实上，在书写之前，使知识保持鲜活的唯一真正合算的方法，是使用有助于恢复记忆的一些策略："思想必须诞生在具有丰富节律内容的平衡模块中，必须具有重复和对偶、押头韵和类韵，具有修饰和公式化表达，在常见主题如集会、进餐、决斗、英雄的帮手中，在不断被听到且容易被记住的谚语中，为方便学习和记忆而设计，或者最终以其他具有记忆功能的形式出现。"大约在公元前 700 至前 650 年，当《伊利亚特》和《奥德赛》被抄录下来以后，诗人们的公式化和重复性知识被转移到了物理载体上。

最初，想要传承口头文化，就必须适应构成真正物质基础的人类记忆：记忆既是媒介，也是信息。从瓦尔特·翁的工作中，我们可以得出一种"口头的心理动力学"，其表现为意合性、聚合性、保守、接近人类经验、稳态性（即与当下保持记忆平衡，因此消除了不相关记忆）和情景性，产生了一种言语运动的（verbomotorio）存在风格。通过这个令人回味无穷的术语，这位美国修士想要强调口头文化的另一个重要方面，这个方面通过说话者固有的内在关系运动来解决。对于口头文化来说，对某个事物的感觉不是永远在视

---

① 这两部作品通常被认为是由古希腊诗人荷马创作，是西方文学史上现存的最早经典作品，对西方文学的发展起了巨大的作用。

觉上得到的，而是不断地通过交锋来协商，瓦尔特·翁毫不犹豫地将这种交锋定义为说话人之间的竞争。

关于这种言语运动态度，可以通过《费德鲁斯篇》①（Fedro）中苏格拉底广为传播的话语来理解柏拉图对书写的批评，以及这种批评的精神分裂性质。一方面，柏拉图想说服我们书写削弱了我们的记忆、书写缺乏竞争性；另一方面，他又批评诗歌及其真正的自我表演性："整个柏拉图认知论无意识地建立在一个对旧世界的否认之上，这个旧世界是口头文化的、流动的、有温度的，一个由诗人为代表的个人互动的世界。而这个旧世界是柏拉图在其《理想国》中所不希望看到的。"从这一重建中可以看出有趣的一面，那就是柏拉图完全没有意识到他所表现出的深刻矛盾。哈弗洛克（Havelock）将这种无意识归结为半读写能力形式，但更普遍的是，在不同经验媒介之间产生深刻的冲突，是内化第一阶段的特征。

不得不说，书写的出现是建立在口头社会的思想之上的，它是最显而易见，也是最持久的效果，这可以追溯到将口语从记忆束缚中解放出来的过程中。语言不一定要具有一定的结构才能保证记忆力的恢复，但能够抽象化且专注于不一定与世界有关的实体。此外，这种抽象得益于意识统一性的转变，这种转变不再是主观、有温度、交互、类比、易变的，最重要的，不再是依靠听觉的，而是变得冰冷、可独自使用、谨慎、永久和视觉的。在这里，《古登堡星系》（The Gutenberg Galaxy）中的麦克卢汉式呼应，是显而易见

---

① 古希腊哲学家柏拉图的一篇哲学对话。

的，德里克·德·科克霍夫（Derrick de Kerckhove）回应了这个呼应并在很大程度上将其深化，还特别强调了在与字母的关系问题上的呼应。

逐渐地，在口语与书写的比较研究中，开始出现了一种模式：首先，延伸／缩减似乎体现为一种偶然发生的东西，一个涉及同一实体的过程；而外化／内化如同某种沉淀在一个与原来不同的物理基质上的东西。当然，这种细分是指示性的，应该从一个连续统一体的范围来构想，但可以是一个很好的起点。

举几个例子：使用隐形眼镜的人获得了视力的延伸，或者说他们通过使用一种工具而扩大了看的能力。这项操作在瞬间进行，观察者与镜片之间的结合只从感官认知到的现实中显现，不留下痕迹。在这个几乎绝对明显的情况下，相对的缩减也只出现在由镜片引起的眼睛压力中。演奏乐器的人以一种包括乐器本身的方式延伸了他的运动能力，同时又缩减了运动技能的其他方面。当我们驾驶车辆时，我们的人际空间将延伸到整个车辆，同时又限制了我们的行动灵活性。代表这些延伸正常运作的一个关键方面，是执行这些延伸时的自动性和自反性。

然而，有时候会发生这种情况，在我看来是最有趣的，即其中某些过程如在书写的例子中的记忆的外化，或者说是在一个不同于其来源的物质基质上具体化。语言即记忆，但由于书写的外化，语言摆脱了记诵的包袱，因为它将记忆外化在了一个载体上。现在，一旦载体在实施外化功能时具体化，就会遇上外化主体，成为后续媒介作用的契机。外化实体将回归主体，并将其内化。因此，实际上是内化过程紧随外化过程，构成了可能性的条件。

正如柏拉图的混淆所表明的那样，时间在外化和内化过程的衔接中起着根本性的作用，因为前者优先于后者的事实构成了这两个过程的现象学特征：外化通常是有意识的（consapevole）。书写是作为经济交易管理的辅助手段而诞生的，如同记忆法一样，因此其应用范围源自一个明确规定的需求。然而一旦外化，转移到载体上的特征将会被看到新契机的外化主体所利用。在一个通常无意识的内化过程之后，当外化主体不再将这些契机视为其所在环境的资源，而是将其视为认知资源而合并之时，这些契机的创造性表达得以实现。如果语言获得解放，那是因为主体无意识地且在一段时间内显著延展，将外化的记忆内化在书写中，使之成为其现象学传播的构成部分。

有时候，会出现延伸和外化同时发生的情况，即通过延伸外化。我们以镜子为例，镜子是视觉的延伸，它让我们看到了更多的东西。同样，镜子也是一种外化，因为它复制了我们的物理性，将我们的自身转移到了一个载体上。相反的情况也同样适用，即通过外化进行延伸：技术影像（摄影和电影）是一种对物理世界和身体的外化，因为它记录并复制了物理世界，使我们看到了更多的内容。在第五章和第六章中，我将详细讨论这些问题。

这些对媒介作用过程的解释模式带来了一些问题，其中最紧迫的是我们讨论所依据的起始本体论。在媒介研究领域的反复观察表明，迄今为止提出的那种推理确定了一个主体——每一个过程的起源——能够通过工具来延伸，并将工具作为假体而与之合并。例如：弗里德里西·基德勒（Friedrich Kittler）指责了麦克卢汉的一个观点，即存在一个纯粹且未遭污染的主体，由此可以产生延伸的和内化的动态。在他看来，主体——或者为停留在物质性的平面上而更准确地说，是有机体——会具体化为一个或多或少被媒介改变的原始统一体。这个指责，归根结底可以理解为一种对人类中心主义（antropocentrismo）的指责。对于那些研究媒介的人来说，这种观点是令人怀疑的。在我看来，该反对意见有其道理的，不应该被忽视。

/ 两个考古学 /

　　成为某个物体会是什么感觉？细心的读者可能会注意到，这个问题与托马斯·纳格尔提出的那个关于成为蝙蝠的问题很类似（《认知主体》，第6页）。这个问题是伊恩·博格斯特（Ian Bogost）在尝试建立异形现象学（alien phenomenology），即解释成为一种完全不可及的物体是什么感觉这种哲学问题时提出的。博格斯特的问题看似荒诞，但其目的是解决一个对媒介研究具有重要意义的问题，他邀请我们考虑对象的体验方式，摈弃对象只能是生物的想法（Shaviro）。只有通过对象本体论（OOO, Object-oriented ontology），我们才能摆脱"人类中心主义"（往往是当代研究的特征），将研究的对象从我们身上移开。

　　一段时间以来，在人类学、媒介学和考古学还有其他学科领域，我们看到人类作为主要因果或至少相关因素的作用逐渐降低，我们可以将这个因素定义为"能动性"（agentività）。在我看来，这种渐进式的离心力是围绕一些关键概念建立起来的。其中第一个概念我们已经简短地提到过，即物质性（materialità）的概念：实体的物质性和事物的物质性，相对应的是意义、话语的符号及语言需求的模糊性。第二个离心推进器可以用平等性（parità）的概念来综合说明：在人的物质性与物的物质性之间，即在有机体与物体之间，不存在主次关系。第三个是时间性（temporalità）的概念：当代媒介让我们置身于时间尺度中，无法触及我们的意识，但能够调节我们的生活；此外，有机体和物体之间的关系只有通过共时性和非共时性、个体时间和物种时间的结合，才能被理解。显而易见的是，这些解释性的需求并没有单独表现出来，而是在研究计划中相互交织。这些研究计划有时候是相当异质的，且由于认知论混合的能力而聚集在一起。

为了建立一些秩序，我将尝试通过认知考古学，在兰布罗斯·马拉弗里斯发展的物质介入理论（material engagement theory，下文中将简称为"MET"）为例的描述中，主要（但并非完全地）探讨这三点，因为在我看来，这是迄今为止关于有机体和物体之间关系的跨学科理论综合最兼容并蓄的模型。这将会出现一个与其他方法的相似之处，即媒介考古学以及人类学家卡罗·赛维里（Carlo Severi）提出的建议，即对阿尔弗雷德·盖尔（Alfred Gell）二十年前提出模式的激进化。

物质性。MET 在其定义中包括了物质性。其基本观点是："如果存在一个人类能动性，那么就存在一个物质能动性；人类能动性和物质能动性是没有方法理清的。"实际上，在马拉弗里斯看来，整个人类现象学是由与物体的不断介入（engagement）来决定的，因此很难想象存在着没有包含世界万物的人类活动。马拉弗里斯的论点分为三个关键理论步骤：扩展的心智、生成的符号、物质的能动性。扩展的心智，我们将在下一章节（《4E 认知》，第 79 页）中看到，这是人类心智向世界延伸的想法：简而言之，它是早已被讨论过但最终诞生在认知领域的延伸版本。

目前，我们最感兴趣的是第二个理论步骤，它具体说明了在 MET 视角下，物质性是如何发挥主要作用的。生成的符号（enactive sign）的意义不是由它可能的表征或符号维度来赋予的，而是由它的物理特性赋予的。当我们认为，一个陶瓷花瓶的表达和一个真正的花瓶具有同样的属性，我们就犯了马拉弗里斯所定义的"语言符号的谬论"，也就是说，我们已经假定了花瓶及其定义表达的是同一事物。在方法论上，这种表达采用了一种认为"物质文化如同语言或文本"的视角。物质符号以其任何代码都无法还原的物理属性，将自己作为一个物质锚，将意义实例化，而不是将其符号化：简单地说，物质符号有助于将一个概念过程转化为一个感知的和物理的过程。马拉弗里斯借用格雷戈里·贝特森（Gregory Bateson）的观点为例来阐明这一点：如果特拉法加广场①（Trafalgar Square）的狮子是木制的，那么它们对于 19 世纪英格兰的文化基础将传达出什么讯息？

---

① 英国伦敦著名广场，是为纪念著名的特拉法加海战而修建的。广场中央为纪念英国海军纳尔逊将军的石柱，下方有四只威坐的雄狮塑像，柱基为青铜浮雕，反映了 1805 年英国海军战胜法国海军的场面。

对于媒介考古学来说，理解物质性同样至关重要，甚至在某些方面更为深入。这不仅仅是一个从其衍生的符号化的物理层面分析的问题，而且对物质性本身的概念提出质疑，并将其扩大。物质性涉及数字网络、电磁能量、废料残渣，以及存在于一个常被利用但未被相应理解的媒介自然（medianatura）不同层中的连续性（continuum）。

平等性。从能动性参与构成的物质性的认识中，几乎自动得出了一种观点，即物体与人类之间存在一种对等的关系。这种原动力（prime mover）的缺乏转化为两个截然不同的理论结果。第一个结果涉及人工制品的生产。人工制品并不是作为一个既定意向项目的物质具体化，而是作为潜在的可被利用的基础元素，以及构思新意义或新能力的机会发生作用；行动意图只有通过与对象的相遇才能发生作用（我们会在《旧石器时代的画家》一节中再次讨论这一点，第 131 页）。第二个结果与我们关系更为密切，它促使马拉弗里斯提出了一种分布式的物质能动性模式，其中物体在决定社会—技术过程中发挥着与人类同等的作用。通过与布鲁诺·拉图尔（Bruno Latour）的理论进行比较，这位认知考古学家试图说服我们："权力、意图和能动性不是孤立的人或者孤立物体的属性，而是一系列关联的属性。"为了有效地概括事物与认知之间的共构过程，马拉弗里斯利用英语中动词"思考"（to think）与名词"事物"（thing）的相似性，创造了新词"thinging"，表示：我们的心智并不仅仅指事物，而是与它们一起且通过它们被塑造。

在媒介方面，理查德·格鲁辛（Richard Grusin）所编辑的书中，阐述了一个朝这个方向发展并总结了技艺现状的提议。他定义了非人类转向（non-human turn）的特征，即理论上为异质的思辨行为，应该能够意识到人类或至少是与另一个实体的对等的实体，在当代背景中的逐渐边缘化。

人类学家卡罗·塞维里重读了阿尔弗雷德·盖尔的模式，建构了一种仪式理论，该理论说明了由对象到对象—人的变化，即通过一个外展过程获得主观性的对象。换句话说，在仪式中，一系列复杂的变形被激活，这些变形改变了所涉及的（人类的和非人类的）实体，以及它们的心智和行动空间。在介绍芳人①（Fang）歌曲的案例研究时，塞维里写道："在开始仪式后，歌手和他的乐器、言语和声音，还有歌唱的故事本身，变成了一个实体。事实上，这三个都被称为'mvet'。于是，在此产生了一个包括工具、词语和表达者的复杂存在。"但是，对于塞维里来说，主观性的分配只是实体与仪式之间的复杂关系的一个方面；参与者的心智空间的规则也应该改变，以适应"对象变得有生命"的需求。总之，在这种心智空间中产生的真理条例是一个不断协商的结果，参与者们在协商中不断被识别："当人与雕塑或迷恋物之间形成这些复杂的联系时，物体和生物就获得了同样的本体论条例：如此，在生物体的宇宙和其他任何形式的经验之间建立了一个形式／背景的关系。这就是物与人的博弈，也是使之变得可能的信念纽带所采取的形式。"

---

① 非洲中西部民族，属于班图尼格罗人种，又称帕胡因人（Pahouin）、庞圭人、芳维人。主要分布在喀麦隆南部、赤道几内亚、加蓬北部以及刚果部分地区。

时间性。当我们探索过去时，我们将一种被称为"时间统觉"①（cronestesia）的意识形式付诸实践，它能使我们意识到它的存在。认知考古学和 MET 与时间有关和通过时间运转，这是不可避免的。归根结底，认知考古学的目的是在现代心智被转化为人工制品的条件下，调查现代心智的起源。此外，当涉及从历时性层面"上升"到共时性层面时，认知考古学必须能够从理论上驾驭进入考古探索中的不同的时间性。不仅如此，它还必须能够识别出不同的历时，比如那些标志着表现型发展动态的历时，不同于那些影响物种的遗传性历时。总之，对于 MET 来说，时间既是目标也是研究工具。

仔细观察，在任何一个研究人类意识的知识领域里，时间都是一个不可避免的变量。在最新的一部作品中，媒介学家马克·汉森（Mark Hansen）指出了我们与当代媒介互动方式的原因和时间性相关的方面。这位美国学者试图说服我们，21 世纪的媒介在我们人类无法感知的时间尺度上运行，却决定了我们的"世俗感觉能力"，而且增加了这种能力。汉森提出经验的前馈（feedforward）模式试图证明，新媒介以其无处不在的存在和计算的普适性，呈现出一种出现但不可见的特征，改变了经验的结构。这种改变源于感觉能力和它们存在而引起的感知之间的一次分离：新媒介在影响感觉能力的同时，对感知是不可见的。也就是说，它们融入了我们的感觉接收结构，但我们却没有意识到。那么，感官知觉和意识都是被先于它们的一种感觉能力"前馈"了的，它们是"更原始的感觉

―――――――――

① 时间统觉，也称心灵时间旅行，指对一个人过去或未来有意识的能力。

或世俗感觉事件的影响"。

媒介考古学与认知考古学一样，都是关于时间且与时间一起运转的。说实话，正是在这一领域，对时间性的反思带来了创新的理论解决方案。西格弗里德·齐林斯基（Siegfried Zielinski）的工作是该视角的典范，因为他提出了关于媒介"深层时间"考古学研究，这个深层时间无法以其设想的线性来感知——如果带着对断裂和非连续性时间的关注来追溯——它可以显示出意想不到的一致性。这种为寻找"偶然的发现而非徒劳寻找"而进行的时间性徘徊，事实上产生了一种"混沌考古学"（anarcheologia），其中不存在产生一切的统一普遍原则，但"关注的中心，在这些中心中，可能的发展方向均已被尝试过，范式已经发生了转变"。

在我看来，以上提出的三个概念——物质性、平等性和时间性，是上一小节中探讨的内／外关系二分法的有效替代。并不仅在于理解有机体如何通过作用于对象的假体来改变自己，而更在于表明有可能不存在一个绝对理由，来对任何有关始于有机体的现象进行解释。更简单地讲，有机体只是系统本体论的一种，后者还包括其他事物，这些事物"重获"其物理性并"要求"在仪式实践中拥有积极作用。当然，这并不需要牺牲延伸星系的概念，因为它们启发式的重要性保持不变，只是要提防以人类为中心的习惯，不要把人类自己视为最重要的系统变量。

在下一小节中，我将再次尝试将该情况激进化，并引入这样一种可能性，即不仅仅是有机体不应该构成互动力量的分支中心，而且生物体／环境的二分法本身就是一个产生这种实体过程的结果。

那么，有机体和生态媒介将是先于它们的某物的结果，这种关系或这种媒介作用的结果并非发生在任何一端，而是在这些实体之间的具体相遇中明确被阐明的。因此，我使用的术语装置将再次涉及MET、由理查德·格鲁辛提出的激进媒介作用及技术哲学家西蒙栋的著作。

/ 亚稳态或关系 /

上一节的结尾似乎是在发起挑衅，而不是为展望一个真正的理论考虑，但我想要表明并非如此。一般假设涉及我们通常视为一个系统本体论的范围，确切地说，这个系统是由实体和周围生态媒介组成。在神经科学领域，"可塑性"一词表示有机体的一种能力，即根据从环境中受到的刺激来调整其自身身体状态的能力。在生物学中，它表示：同样的基因会在不同的环境状况下，发展出不同的具有共同表现型的有机物这一过程。在后面的章节中，我将更详细地讨论可塑性的概念（工具、假体、橡胶手和背心，第 101 页），但在这里先要介绍一下马拉弗里斯使用的再可塑性概念。

添加前缀 "meta-" 意味着将注意力转移到有机体与生态媒介之间发生的共构过程。更具体地说，在神经考古学的背景下，术语"再可塑性"被用作"描述神经和文化可塑性之间的能动性和构成性交织的新特性"。因此，再可塑性并不是指某个特定有机体或者某个特定生态媒介物的可塑能力，而是指完全由实体之间的相遇才产生的特定属性。换句话说，对再可塑过程的分析并不是为了解释当有机体暴露于生态媒介或相反情况时有机体的可塑性，而是而为了证明有机体和生态媒介之间，在不同时间尺度上发生的特性相互交换。

在媒介学研究领域，理查德·格鲁辛提出一种对接近于再可塑性概念的媒介现象的解读，强化了之前关于再媒介化和预媒介化的见解，将媒介化过程的自主化路线推向了极端。这位美国媒介学家还通过对威廉·詹姆斯（William James）激进经验主义的修改，断言"对于激进的媒介化而言，所有的实体（包括人体和非人体）都是媒介，生命本身就是一种媒介化形式"。正如格鲁辛在文章中多次努力解释的那样，激进的媒介化既不应该与交流方面（更不用说语言方面）联系起来理解，也不能被理解为连接已存在实体的过程。相反，激进媒介化"将媒介化视为一种过程、行为或事件，它为主体和对象的出现，以及实体在自身世界的特性形成提供了条件"。

正是通过激进的媒介化，我们这次可以更清晰地明白吉尔伯特·西蒙栋的作品，尤其是关于这位法国哲学家所说的"个体化"（individuazione），即一个存在物能够将自己明确定义为一个独立实体的能力。其整个作品的主要直觉是对质料形式理论范式（paradigma ilomorfico）的质疑，即一种渗透在西方哲学和心理学思想中的假说，认为个体是通过一种形式（forma）具体的物质化来创造的，这种形式决定了物质（materia）的实现条件。简而言之，这是一个实现观点反转的问题，推翻了不需要理解个体的组成部分来理解其产生过程的观点，而支持恰恰相反的事实。

对这个一般原则的阐述基于西蒙栋创造的一套术语，我们应该对这些术语有一个基本的认识。先个体化（preindividuale）可以体现为"存在的原始状态，负荷潜能、亚稳，即将发生相移，因此接近于引起个体化"。"亚稳的"是指一种存在物，它虽然处在暂时的平衡状态中，但内部拥有向新的平衡条件发展的潜在条件。因此，个体化是在一个必然时间性且不断形成的动态内部逐步降低系统亚稳性的过程。

在这种情况下，关系的概念具有了一种本体论价值，也就是说，只有通过这种关系，在之前事件里只作为先个体存在的实体才能够逐渐个体化："我们从这个假设出发：个体化需要一种真正的关系，而这种关系只能由一种保留了潜能的系统状态来提供。"应当立即指出的是，对于西蒙栋而言，"个体"一词不仅指有生命的有机体，还指物体。实际上，西蒙栋正是从无生命物体的个体化开始了他的学说。

为了尽量说得清楚一些，我们以西蒙栋给出的实际例子来说明。我们想想黏土和模具：前者构成物质，后者构成形式。根据质料形式理论模型，本质方面足以解释个体化，因此，模具和黏土、形式和材料，分别来看都包含了砖头具体化的所需。但这意味着"假设个体能够通过先存在于其起源的东西来实现个体化"，即把个体化所需要的全部信息归于形式或材料。在砖的形成过程中，无论是模具还是黏土，都没有单独包含创造个体（砖）所需要的信息，而砖是在关系的相遇和相互适应中实现的。

这种关系是必要的，因为只有通过它才能发生能量转移。因此，为了使内在特征（形式和材料）和外在特征（关系）能够确定个体化，它们必须在能量交换（scambio energetico）中解体。能量是我们必须考虑的必不可少的关系变量。可能有人提出异议说，能量能够在质料形式理论模型中被看作形式或材料所拥有的，因此没有新的东西被增添到系统中。然而，在人们把这种关系作为一种内在的时间性的现象时，这种异议就会落空。事实上，这种关系只能在时间性上存在："时间性，由于它表达或构成了不对称现象的完美模式，从而揭示了自己个体存在的必须。也许，在个体化和时间性之间表现出一种完美的可逆性：时间事实上一直是一种关系的时间。根据这一学说，可以确定的是，时间是关系的，除了不对称本身，不存在其他关系。"

西蒙栋所谈论的不对称性表明了他理论的另一个认识论支柱，即个体化作用于一个先个体化的存在，这个先个体化凭借个体化的过程，既生成了个体也生成了与之相关的环境。因此，个体化产生的不仅是个体，而且还有进入其起源环境的个体。不对称性是这两个永远不会停止相互构成的维度之间不断失衡的条件。我们必须时刻记住，个体化不是一个只要在先个体化存在中出现个体—环境就算完成的过程，而是继续不断降低个体与之相关环境之间存在的亚稳性因素。总之，只有在个体与相关环境之间的不对称能的能量关系的时间性分布具体化中，才能追溯到个体化的构成因素。

所有这些都适用于非生命个体。那么对于生物个体，尤其是动物呢？物理个体化基本原理也决定着生物体的个体化，但具有决定性的差异：在物理个体中，信息与潜在能量的载体相吻合，而在生命体中，个体化"建立在调制结构和潜在能量载体之间的区别之上"。换句话说，生命个体具有能量调节器的功能，即它不是展示出拥有某种能量的结构，而是一种能够反过来调节能量流动的结构。

因此，有生命的个体始终是一个与相关环境不断发生关系的个体，并有机会调节自身与环境、内部与外部之间的交流。关于内部和外部之间的衔接及其拥有的重要性，西蒙栋将其放进了物理个体化的部分。他还指出，生物的拓扑（topologia）结构显然不能通过欧几里得空间来理解，因为尽管生物能够被看作众多实体之间的一个主体，但是从这个简单配置所获得的空间化将会遗漏掉更重要的方面。例如：并非所有物理上（fisicamente）存在于生物内部的东西，在功能上（funzionalmente）也是内部的。西蒙栋举了肠子的例子，肠道的腔体在功能上是在有机体之外的，因为有机体的调节结构决定必须吸收的物质和必须丢弃的物质。类似地，对于一个产生物质投入循环的腺体来说，有机体就是环境。从功能上考虑的拓扑结构，将外部性和内部性之间的界限视作一些调节区和潜在的拓扑结构反转："在这条链的两端，仍然存在一个绝对的内部和一个绝对的外部，而结合与变异功能则处在一个绝对的内部性和绝对的外部性之间亚稳的不对称功能中。"

吉尔伯特·西蒙栋提出的个体化概念连同再可塑性和激进媒介化的概念，是个人与环境之间关系已从十分重要变为相互构成这条道路的尽头。从一个将世界的碎片延伸、缩减、内部化和外部化

的有机体开始，我们进入这样一种观念，即有机体与环境之间并不
存在一个预先设定的能动性动态的优先级，从而得出了一个根本性
的结论，即个体与环境之间的区别在通常条件下是不成立的。在构
建有机体与环境之间相互关系的道路时，很多问题只是被简单地提
出来，而并没有深入地讨论其有效性。

下一章中，在保持认知论比较的同时，我将尝试做两件事情。首
先，我将试图展示，有机体与世界之间关系发展的不同阶段——如果
可以这样定义的话——如何涉及当代认知科学；如果对于美学、媒介
学和考古学来说，这是一个重新界定主体—身体与对象—世界关系的
问题，那么在认知科学中，类似的合法化的轨迹涉及大脑，后者不再
是心智的专属器官，而是一个有关身体和周围环境的系统元素。

其次，我将尝试利用此过程的优点来验证——一旦把关于这个
问题的多种理论观点放在一起——首先，像我们到目前为止所做的
那样，验证有机体和环境之间关系问题的有效性本身以及必要性，
然后选择一种可能的实例。为此，我将转向神经科学领域进行的一
系列实验测试，这些测试将直接检测有机体的（再）可塑性（或亚
稳性），以及发育生物学的模型，后者将使我能够更详细地阐明与
互动的时间性有关的方面。

第三章／4E认知下的科技

在本章中，我将尝试通过认知主义和生物学的视角，来处理有机体和生态媒介之间的关系。本章的目的不仅是要展示不同研究范式之间的连续性（有时真的令人惊讶），也是为了表明一个关于媒介化问题的个人立场。

在第一节中，我将介绍所谓的"4E 认知"。其中，认知与身体以及环境之间在不同程度上有着不可分割的联系，关于这个观点，如果说还没有一个同质研究范式，那必定存在一个广泛而明确的理论运动。在第二节中，我将更详细地讨论 4E 认知中的一种，即生成认知，这是唯一一种认为环境起到认知构成作用的理论。第三节中，我将试着解释，为何最后我们只需要 4E 认知中的两个，因为这两个已经足够描述构成身体与技术之间特点的关系过程及反馈过程。然后，在第四节中，我将收集一系列的实验成果，希望它们能展示身体与事物合并的自然能力（可塑性和再可塑性）。可以预见的是，对这些过程的潜力和局限性的探索将有助于反馈和关系这两个概念的区分。

最后，在第五节和第六节中，我将从时间概念对身体—环境混杂问题的解释性优势的认识开始，而非从更传统的空间性标准，来提出一个理论性纲要：就我所关注的普遍方式而言，延伸和体化不是仅能用内、外来描述的现象，也需要用前、后来描述。从这一时间设置出发，我将尽可能地描述，从关系性条件到反馈条件及反过程如何以及为何发生。

/4E 认知/

如果说有一个认识论设想是作为跨学科事业而诞生的，那肯定是由认知科学所发起的设想。在行为主义计划遭到质疑后，在 19 世纪 50 年代后期，认知科学作为理解人类、动物和人工心智最适用的研究范式而出现在公众面前。计算机的隐喻启发了第一代认知科学，产生了人与物之间的平行论，据此，心智如同软件，就像大脑如同硬件。这种相似基于这样的想法，即由心智表征（rappresentazioni mentali）所鉴别的计算信息具有独立、非模态、对实现它的载体不敏感的逻辑结构。心智的表征和计算理论（teoria rappresentazionale 与 computazionale della mente），以及由此衍生的机能主义（funzionalismo）构成了文献中所说的经典认知科学（scienza cognitiva classica）的概念支柱。根据这种认识论模型，即对于认知科学来说，计算的、表征的、推理的和象征的机械十分重要，这个机械使得心智的启动成为可能，而不论是在什么载体之上。

然而，经典认知科学代表着哲学的严谨性和形式上的可变性，还不足以解释感质（qualia）即经验现象学，是如何呈现给主体的。

从约翰·希尔勒（John Searle）的"中文房间"①（stanza cinese）实验到大卫·查尔莫斯（David Chalmers）的"困难问题"②（problema difficile）观点，再到丹尼尔·丹尼特（Daniel Dennett）的"他者现象学"（eterofenomeologia），我们不仅需要理解心智的结构，还需要了解心智在主体身上产生的经验，这种需求促成彻底的范式转变。如今，对认知科学的关键概念进行全面审视的浪潮——很可能从休伯特·德莱弗斯（Hubert Dreyfus）的研究开始，这些概念强烈地吸收了现象学的实例——导致了所谓的4E认知的诞生：认知可以被体化（embodied）、延伸（extended）、嵌入（embedded）或生成（enactive）。这些标签每一个都试图提出对人类认知的看法。这显然是一种简化结果，可能的标签还可以有更多，这些标签无疑构成了一种有效的综合法，这种综合法考虑了争论的细微差别。事实上，一直以来不断有人尝试统一这些观点，因为所有的理论都非常相似，但争议至今仍然没有结束。让我们来详细了解一下。

体化认知（Embodied）。20世纪90年代中，在认知科学中越来越广泛地流传着这样一个观点：心智不借助身体就无法被解释。简单地说，大脑不足以解释我们认知活动的展开方式，想要完整地了解身体的运作，就必须诉诸身体。为了让大家了解经典认知科学

---

① 中文房间（stanza cinese）是由美国哲学家约翰·希尔勒在1980年设计的一个思维试验，以推翻强人工智能（机能主义）提出的过强主张：只要计算机拥有了适当的程序，理论上就可以说计算机拥有它的认知状态以及可以像人一样地进行理解活动。
② 困难问题（problema difficile），一般特意识科学中的困难问题。简单问题是指可归结为结构和功能的问题，比如所有的认知相关的问题都为简单问题；而困难问题是指不能归结为结构和功能的问题，一般此类问题主要涉及解释意识体验的来源及其本质。

通常如何理解身体，我们可以参考电影《黑客帝国》中成功复制心智的实验。哲学家希拉里·普特南（Hilary Putnam）建议我们想象以下场景：如果我们的大脑从身体上移开，并连接到一台能够完美再现我们认知活动的超级计算机上，我们还能否认识到自身的状况？比如说，我们能否说或者认为自己是处在"缸中的大脑"？这个实验的设想是为了测试，一个假设的缸中大脑能否将其世界的表象联系起来，因此假设（postula）了一种独立于身体的心智存在条件。正如迭戈·科斯梅利（Diego Cosmelli）和埃文·汤普森（Evan Thompson）所言，该实验建立在一种概念性的抽象之上，而没有考虑到人体生物学的限制。

想要让身体获得更重要的地位，需要真正的范式转变。安娜·博尔吉（Anna Borghi）和法乌斯托·卡卢阿纳（Fausto Caruana）认为，该转变的两个"基石"是在对所谓的"三明治认知模型（modello a panino della cognizione）"和"心智—软件"类比的否认过程中发现的。第一个比喻将认知视作一个三明治，上层和下层分别是感知和行动，中间层则是认知处理。在体化认知的倡导者们看来，这种将认知活动划分为不同阶段的方式，以及因此将行动理解为一个感知行为结果的方式，并不能反映人类认知功能的真实面貌。相反地，接受我们在第一章中提到的实用主义和现象学实例（《认知主体》，第 6 页），体化转变颠覆了这一观点，赋予行动和身体性一个共同的构成性作用，以在时间上与认知处理相吻合。

然而，对第二个比喻的质疑进入了心理表征格式的实质。根据哲学家阿尔文·戈德曼（Alvin Goldman）和弗雷德里科·德·维涅蒙特（Frédérique de Vignemont）的说法，这些表征并非总是具有一种抽象或非模态的格式——正如经典论点所言——但它们可以是行动导向的（action-oriented）或是身体格式的（B-formatted），也就是说，它们可以具有一种直接取决于行动的可能性和身体的格式，因而具有相对的内容。身体格式化表征的一个典型例子是镜像神经元表征，这类神经元是由来自帕尔马的一群神经科学家发现的，它监督同一目标导向动作的处理，不管是在动作被实施时还是在被一个主体观察时。得益于镜像神经元，我们可以进行一种体化模拟（simulazione incarnata），这种模拟是基于对他人的运动状态的即时和预反射性理解。从本质上来说，身体格式化的表征是"与身体以及其空间、时间和生物力学限制的关系"。多年来，镜像元神经的实验性和哲学性故态复萌迫使人们对认知的许多方面，从社会认知到自闭症，从艺术到道德判断和同理心，进行了深刻的重新审视。

如果说直到大约 15 年前，我们还可以把体化转变说成是一场与第一代认知科学形成鲜明对比的革命，那么今天，我们可以毫无惧色地说，大脑与身体之间的关系及它们不可分割的概念，是全世界标准实验性研究的基础，也是与之伴随的哲学反思的基础。4E 认知中的第一个，似乎已将自身确立为参考范式，因为认知内部仍存在的分歧主要是术语性质的次要方面。

延伸认知（Extended）。20 世纪 90 年代末，当身体获得了认知的中心地位，有两位哲学家提出了一个更大的挑战：如果心智不仅包括身体，还包括世界的某些部分呢？安迪·克拉克（Andy Clark）和大卫·查尔莫斯（David Chalmers）提出的延伸心智理论，在其最初版本中涉及心智在功能等效原则上的延展可能性：如果一项技术能够执行发生在头部且被我们称为"认知的功能"，那么那项技术也可以被认为是认知的。对此最经典的例子当数"奥托和尹加"的心智实验笔记本。我们设想这两个人——奥托和尹加都想去看现代艺术博物馆的一个展览，尹加思考了片刻，记起这家博物馆位于 53 街，于是便去了。这里需要注意的是，在尹加到达意识的界限，也就是信念本身成为必需的时刻之前，她的信念就已经是受她支配的（可支配的信念）。奥托由于患有阿尔茨海默病，总是将他认为有用的信息都记录在一个随身携带的笔记本上：他在笔记本上找到了博物馆的地址，于是他也顺利抵达了博物馆。因此，奥托的笔记本可以被看作他心智的认知延伸，因为它有效地替代了奥托的记忆功能。

延伸心智的假说自首次出现以来，就引发了一场持续至今的巨大争论。它的成就很可能就在于，它认为认知实体既不在脑袋里也不在身体里这个挑衅性的思想，以及随之引起的强烈对立态度的事实。在最能体现这种态度的批评家中，弗雷德·亚当斯（Fred Adams）和肯·埃扎瓦（Ken Aizawa）不得不提。在他们的表述中，有两个论点尤其给延伸心智理论带来了严肃的挑战：认知的标记（il marchio del cognitivo）与结合—构成的谬误（fallaccia accoppiamento-costituzione）。

第一个反对意见是关于我们能够视为认知的条例，或者换句话说，是一种界定规则，能够让我们确定什么是认知的，什么不是。如果某些物体如计算器能够被认为是认知的，那么如何建立一条分界线，来防止一切物体都被认为是认知的呢？汽车是认知的吗？我们佩戴的眼镜是认知的吗？前一个延伸了我们的运动能力，而后一个延伸了我们的视觉敏锐度。显然，对于亚当斯和埃扎瓦来说，没有什么是认知的，奥托的笔记本也不是（更别提汽车和眼镜了）。在他们看来，心智真正的特点是它具有非衍生表征（rappresentazioni non-derivate）的能力，或者说指代主体的内部状态，如思想、经验和直觉表征的能力。因此，在奥托的例子中，我们不能接受认知在笔记本上延伸的观点，因为对于博物馆位置的信念是来自笔记本的。

第二个反对意见是有关结合—构成的谬误：尽管外部媒介物能够执行一种功能，来替代认知活动（如奥托的笔记本），但这在任何情况下都是纯因果关系（pura causazione），而非构成性的（costituzione）。换句话说，如果一个技术设备帮助我完成了一些认知任务，并不自动意味着该设备可被认为是认知事件的构成因素，而至多是原因。

我认为这两个反对意见给该理论带来了严肃的挑战，同时我也认为，它们之所以如此，在于延伸心智理论产生的理论体系：认知的标记和结合—构成的谬误只在内部主义心智的观点内部起作用，这种观点建立在认知产生中，一种对身体和环境相对不敏感的表征主义的基础上。安迪·克拉克长期以来一直试图反驳这些反对意见，但并未说服他的反对者们。

　　总之，这两个反对意见都是指发生在次人格层面的认知过程，即经典认知科学通常用表征性术语描述的那些过程。只要停留在这个描述层面上，延伸心智的支持者们就很难回避反对意见。如果我们不是从次人格层面，而是从有机体层面来谈及认知活动，那回避就会容易得多。这种操作在于评估与有机体现象学有关的延伸可能性，而不与促成该现象学的过程有关。马克·罗兰兹（Mark Rowlands）在这一点上一直非常坚持，这位哲学家宣称，许多与视觉相关的认知过程，的确发生在远低于意识界限的层面上，更重要的是，涉及了绝大多数人永远不会知道其作用的机制。然而，视觉是我们作为有机体，响应我们自身需求和目的而驶向（dirigiamo）他们的过程，因此在这个层面上，我们可以实事求是地提出可延伸性的问题："个人层面的认知过程，指那些自身功能是使信息为主体可用的过程。次人格认知过程，指那些自身功能是使信息仅为后续处理操作所用的过程。"技术设备的存在改变了主体的审美条件或感性认知条件，而不仅仅是某些心智成分。从这个意义上说，延伸的论点变得更容易被接受：正如我们已经看到的，其定义本身就已经存在问题，延伸不是像心智一样具体的事物，而是主体的整个现象学条件，是其对环境的整体审美可行性。

　　如果我们从次人格层面转移到个人层面，那么就意味着我们不再是指经典表述中的延伸心智的范式。意识相关物的外部论，事实上不能支持延伸心智的理论，以至于安迪·克拉克本人也否认意识可以像心智一样延伸的可能性。实话说，预测一下，促使研究从次人格层面转移到个人层面（或生物、有机体、动物的层面）的举动，是受到现象学和实用主义影响趋势的一部分，这种趋势在体化转变中找到了空间，但通过容纳延伸的实例而进一步相互连接。如果我们把体化和延伸原则彻底结合起来，那么我们会得到另一个 E，即生成认知。这种比较的结果在第三个 E 之前我们暂且不谈，而会在下一节中阐明。

嵌入认知（Embedded）。第三个 E 是最难处理的，原因有两个："嵌入的"一词可以描述为一种与延伸论相对立的方法，因此对于延伸论来说是对立、反动的；或者，"嵌入的"有时候可以用作"支架的"（scaffolded）或"分布式的"（distributed）的同义词，这两个单词的意思在概念上接近延伸概念，但同时又在某些方面与之拉开距离。出于篇幅考虑，我将不讨论这个词的反动词义，于此做出最详细解释的应该是哲学家罗伯特·鲁伯特（Robert Rupert）：一般来说，延伸心智理论识别认知朝着世界的各部分传播，而鲁伯特的论点是，虽然主体与环境之间存在着密集的交流网络，但我们应该想象的关系仅是一种纯依存关系（而非构成关系）。

然而，正如我所说的，在 E 的狭隘范围之外，"嵌入的"一词也可以描述一些方法，它们并不与延伸概念对立，但使用不同的概念性装置，来描述认知过程停留在环境上、利用环境特点的方式。从支持、支撑的意义上来说，"支架心智"（scaffolded mind）即被搭架的心智的论点设想，将环境视为一种能够被主体永久利用的资源，以减轻、释放甚至创造有机体的功能，而不一定是认知的功能。例如，由金姆·斯特林提供的方法提到了我们在生态媒介中遇到的生态位构建的模型，以说明支架环境的假设如何得出一种更加详尽的关于主体利用周围环境之方式的描述，尽管延伸心智的理论并未被丢弃。从延伸消化的例子（展示了食品加工和烹饪技术，是如何减轻消化过程对环境的负担），到真正的生态学支持认知的案例，斯特林指出，延伸心智在解释性层面的作用不大，支架的方法可以更有效地解释延伸现象。安迪·克拉克在他最新的一本关于预测处理（predictive proccessing）的书中，用了一整个章节来说明支架预测（scaffolding prediction），并认为这与他关于延伸心智的原论相符。认知依靠环境来完成任务的方式，可以用棒球接球手必须接住球的例子来说明。在功能上运行至接收并使自己处于接球状态时，接球者不需要进行复杂的计算来确定球的落点，而只需忽视掉宇宙在加速的光学幻觉：只要跑到接收位置上，抛开球的飞行速度远快于接收者的奔跑速度这种直觉，而没有什么可计算的。简而言之，一切都在于将一个推理性的和假设性的认知问题转化为一个可感知、直接、可见的任务。

"嵌入的"一词还可以用一种略微不同的方式来理解。1995年，也就是克拉克和查尔莫斯的论文发表的三年前，埃德温·哈钦斯的开创性作品提出了关于认知过程如何在人与人之间，以及物与物之间分布的详细论据。案例研究是关于航海的：依靠直接观察，哈钦斯展示了认知的许多方面是无法被理解的，除非把人与物组成的系统而不是单个个体，作为分析单位。多年来，哈钦斯的提议已经形成了真正的认知生态学，它激发了一种关于认知传播的研究，这些研究不是基于延伸心智理论提出的功能等效原则，而是基于互补性（complementarità）原则。根据这个原则，认知可以延伸到某个物体上，不仅是因为该物体执行了通常被分配给大脑的认知功能，且因为它补充、增强或扩展了主体的机会。

正是在等效原则到互补原则的转变中，约翰·萨顿（John Sutton）确定了支持分布式认知论（distributed cognition）的标准。如同延伸心智一般，如果分布式认知论也支持这种观点，即人造物或者其他人能构成认知过程实例化的实体，那么它并不需要诉诸一个过程来建立一个"心智的形而上学"，而是提出了一种考虑到具体的媒介互动的方法。换句话来说，对于分布式认知来说，每一次相互作用都呈现出不同的特征，不仅是因为人工制品都不一样且不会以相同的方式影响认知，而且因为时间性的接触会使个例之间产生巨大变化。因此，需要能够掌握不同类型和时间需要的"多维框架"（frameworks）。另一个可追溯到嵌入星系的理论是理查德·梅纳里（Richard Menary）多年来得出的认知整合理论（cognitive integration）。这一理论的优点在于，通过认知实践（pratiche cognitive）概念的提出，可以将多种时间观点以及主体和人造物之间不同程度的互动结合在一起。认知实践是"具有认知性质的文化实践"，即身体模式或运动程序随着文化的接触、经过学习过程而发生转变。

生成认知（Enactive）。最后一个 E 是最为激进的一个，因为它对认知科学的基础提出了质疑。人们一致认为，在专题文献中，意识生成理论的奠基之作当数弗朗西斯克·瓦雷拉（Francisco Varela）、埃文·汤普森（Evan Thompson）和埃莉诺·罗奇（Eleanor Rosch）三人的合著之作，还有一些记述了生成认知的认识论概况的书籍。

除了在多篇论文中可寻找到的方法上的特定差异，在我看来，有以下两个理论上的举动似乎不仅获得了所有推动者的共同支持，而且更能体现出生成认知与其他三种认知之间的差距：对表征概念的质疑；环境对解释意识的构成作用。我们可以暂且不谈第一点（将在第 124 页《视觉的图像》一节中谈及），而将第二点进行深入分析，因为它可以提供给我们一些关于媒介化过程的信息。

"To enact" 在英语中可能意味三种不同但有共性的行为：颁布法律、将一个想法付诸实践，以及扮演一个演员的角色。在所有三种情况下，都是赋予某个东西实质内容的行动。生成理论（因为意大利语中没有类似的术语，因此该理论的意大利语翻译仅为直译）指的是该单词的第二个意思：认知不是发生在我们头脑中的东西，而是我们在环境中以构成关系的方式与身体一起进行的活动。那么，不仅是身体，还有环境决定了代理的意识经验，因为认知主要是对世界的行动和干预。我们不难看出，为什么生成模式对于以环境被彻底影响为导向的媒介理论具有吸引力，如我们已看到的那样，这个环境始终是一个媒介环境。它之所以特别适合媒介学的探讨，是因为它并不以一个实验主体的本体论为前提，而是使本体论产生于有机体与环境之间的平等、对称的循环。在前三个 E 把认知——无论是体化、延伸、整合的还是分布性的，都无关紧要——作为对外传播的中心时，生成认知并没有确定任何中心，而是设想了一种系统的关系性，也就是说，它把认知的出现归结为关系的过程。

这种方法与上一章最后概述的理论性态度有很多相同之处，因此需要进行更深入的讨论。

/ 生成认知 /

依我之见，为了更好地理解生成理论的重要性，以及它对认知主义导向媒介学可能起到的作用，我们必须从它的认识论根源出发。这个根源，毫无疑问是由洪贝尔托·梅图拉纳（Humberto Maturana）与弗朗西斯克·瓦雷拉提出的"自创生系统论"（autopoiesi）概念。自创生系统论诞生于新控制论的转折之后，表示具有生命体特征的活动，自我生产（自创生），与由他人设计和构建的他创生（allopoietici）系统相反。简单地说，自创生将有生命机器与无生命机器区分开来。梅图拉纳和瓦雷拉提出了一个自创生机器的定义："一个自创生机器是这样一个机器（定义为一个单位），它被组织成一个生产（转换和分配）组件的过程网络，生产以下组件：（1）通过它们的相互作用和转化，持续地再生和实现产生它们的过程网络（关系）；（2）通过明确在网络中实现它的拓扑结构，将它（机器）构成它们（组件）所在空间的一个具体单位。"

如果我们尝试分析自创生系统论的明确定义，将可以阐明一些方面：自创生机器是一个单位；它自主地生产组件，这些组件的目的是使生产它们的组织保持完整，并在一个限定的空间内识别该机器。有生命的机器和它的单位是由一个组织保证的，同时该组织的物理具体化被定义为结构（struttura）。组织构成了一个"关系的（构造的、特异的、有秩序的）封闭域"，这些特点一起定义了自创生机器：一个自创生的机器，是一种在环境不断失衡情况下仍力求保持自身完整的机器。

但是，自创生机器是如何知道避免分裂的办法的呢？即它在组件不断更新的过程中，如何保持其结构的完整性？梅图拉纳和瓦雷拉立即排除了目的论的假说，即生命系统（通过遗传密码）获得信息，且被导向一个特定的目的（成熟状态），这种假说足以解释自创生机器运转。事实上，这种目的性只存在于外部观察者（osservatore）中，后者可以识别它并将其归因于完全不知其存在的系统："目标和功能的概念，在它们声称要阐明的现象学领域里没有任何解释性意义，因为它们丝毫不涉及在任何现象产生的运作过程。"机器在时间上的关系发展是唯一真正能提供信息的过程，因为维持特定组织状态的实施条件，完全是由自创生过程中发生的偶然关系所决定的。

正如我们在上一节最后看到的那样，以自我保护和系统封闭为其独特特征的机器模型怎么可能成为激活有机体和环境之间绝对循环性的生成论之起源呢？这个问题的答案将把我们直接带到媒介学问题的核心。诚然，自创生是一种使生命系统在外部世界的干扰下仍然能自主产生其组件的活动，但实际上也是一种必须保持组织完整，而非结构完整的活动："一个机器的组织，独立于它任何一个部件的属性，一台特定的机器可以有许多不同种类的组件，以许多不同的方式制造出来。"在同一个组织内部接收多种结构的可行性是由个体发生的可塑性保证的，这种可塑性会引起保守或创新的变化："第一种情况中，引起变形的内部和外部相互作用，并不会导致以自创生实现方式发生的任何变化，系统在自创生空间中因组件不变而仍处于同一位置；相反，在第二种情况中，相互作用导致了以自创生实现方式发生的变化，也导致了系统在自创生空间里发生位移，因为其组件发生了变化。因此，第一种情况意味着一种保守的个体发生，第二种情况则意味着一种同为特定自创生规范过程的个体发生，这种特定自创生的决定，必然是这样一种功能，它不仅负责系统组件的可塑性，且决定组件之间的相互作用。"

这段较长的引文揭示了之前提到的三种关系的差异。构成关系表现出一定的刚性，特异性关系和顺序关系，则使具有相同构成关系的不同自创生机器在结构（可塑性）和发展中都能区分出来。举一个实际的例子，如果说构成关系为所有人类的形成提供了基础，那么特异性关系和顺序关系则将张三和李四区别开来。然而，我们在下一节将会看到，可塑性还包括构成性关系被环境改变的可能性。所以，即使自创生机器表现出组织上的封闭性，但也具有可塑性，使其可被进行结构性改造。很可能是这个假设导致了马克·汉森（Mark Hansen）发展了一个与我在本文中提出的十分相似的提议，这个提议旨在于通过自创生的直觉和安迪·克拉克、凯瑟琳·海耶斯（Katherine Hayles）、吉尔伯特·西蒙栋这三人的理论的结合，来定义系统—环境的混杂物（ibridi sistema-ambiente），直到他又认为，自创生的封闭性无法解释媒介污染的问题，从而导致他远离了自创生理论，转而投向了一种几乎完全关注吉尔伯特·西蒙栋研究的方法。

如果我们不考虑从自创生理论的最初提出到当代生成理论的转变，这种远离（也许）是可以理解的。事实上，正是在对自创生模型的完善中——要把它看作是一种丰富而不是重新阐述——我们可以发现一些面向认知的媒介理论的充满前景的机会。我所说的完善过程中，主角是一条生成认知线路的解释者们。该生成认知继承了瓦雷拉的研究遗产（请参考《认知主体》一节中第 9 页），并从对圣地亚哥学派理论的关键假设之一——生命与认知之间的同一性——的质疑出发："生命系统即认知系统，活着的过程就是认知的过程。对于有没有神经系统的所有生物而言，这种说法都是有效的。"因此，对于智利生物学家们而言，所有能够解释系统对环境干扰做出充分反应的能力的特征，都包含在简单的自创生理论之内。

然而，从认识到这种同一性的不足开始，埃泽奎尔·迪保罗（Ezequiel di Paolo）和埃文·汤普森提出了更进一步的概念，解释了一个自创生机器——由系统关系生成的非目的论机器——能够对它周围的世界产生意义，且显然不需要借助经典认知科学的大脑中心论表征概念。瓦雷拉尝试做同样的事情，他（重新）引入了内在最终目的的概念，即一个自创生机器发展产生意义是因为它通过自我构成而产生了一种视角，这种视角不可避免地通过一个创建意义（意义创造，sense-creation）的活动，将一般环境转化为一个被赋予意义的世界（以冯·于克斯屈尔的方式）。

如前所说，这一举动对迪保罗和汤普森来说并不足够，因为自创是一个要么意味着一切，要么毫无价值的过程，它仅规范了操纵守恒的规律，别无其他。为了使一个自创生机器能够发展出它的生存意义，汤普森从瓦雷拉那里借来了"意义构建"（sense-making）这一词来指代这一原则，除了单位与环境之间的结构耦合原则，还必须加上另一个操作原则。对于迪保罗来说，这个概念就是适应性（adaptivity）。适应性是指自创生系统通过给自创生基本过程调节的趋势给予一个意义，来防止潜在危险情况的能力。为了更好地理解两者的区别，我们必须记住，自创生系统是一个产生其自身、捍卫其统一性不受环境干扰的机器。依迪保罗来看，在这种动态中，没有什么是对机器有意义的，因为当机器不限制自身打开或关闭与环境的交换通道以维持自身，但能够通过识别行动中的趋势，并据此采取行动来监控（monitorare）自创生产生的守恒状态时，这种动态就会出现。简单地说：自创生能够保持系统完整（守恒）；适应性可以调节其与环境的关系（稳态）。

得益于意义构建，机器可以通过识别规律性和发现隐藏的关联来赋予事物意义，但意义构建也意味着在缺少意义的地方创造一个意义，如创造新的关联。适应性则兼而有之："意义构建由适应过程网络的重新组织和可塑的协调，以一种依赖经验的方式被激活，从而通过有机体的个体发生，产生了新的观察参数和对这些参数变化的新回应。"正是在这里，很自然地提到一个媒介理论：从自创生到生成认知的转变，标志着从一个含糊地将环境设想为构成性的理论，向另一个明确这个系统关系方式的理论的转变，并恢复自创生理论最初表述中已经表达过，且在意义构建过程中详细解释的可塑性概念。环境变得重要，前提是有机体彻底适应它、认识到它的关系规律性并据此改变自身。

瓦雷拉学派生成理论称作的"意义构建"，吉尔伯特·西蒙栋早在之前三十年就已在精神个体化领域将之理论化："个体，存在于对其且在其中产生意义之物。"更确切地说，意义的产生决定了从个体化（individuazione）到个别化（individualizzazione）的过渡，即从由预个体产生的个体的具体化，到一个回应感知刺激的特定主体的实现，该主体的操作决议决定了意义的构建。简而言之，自创生之于个体化，就如同意义构建之于个性化，前一对概念描述了个体的绝对起源，后两者描述了个体进行精神个别化过程的方式："个别化，即一个个体区别于其他个体的过程。该个体一旦被个别化，便在其内部创造一个新的结构。思想体现为个体之个体。"

/ 我们需要几个 E ？ /

本章开头对 4E 认知的介绍简短扼要，让我们对当前关于认知科学的争论有了一个大致的了解。奇怪，同时也幸运的是，除了第一个 E，其他的 E 都是为了说明认知与世界万物相互联系的方式。其中，生成认知是唯一一个将有机体与环境的关系视作共构关系的理论。在这一节中，我将结合构成其他 E 特点的延伸概念，继续分析生成认知的提议，以最终验证我们到底需要几个 E。我将在本章（及本书）之后部分尝试发展这一提议，其出发点是认识到我们至少需要现有的两个 E——延伸认知和生成认知，因为这是仅有的两个不可缩减的 E。其次，我将会强调这样一个观点，即延伸认知和生成认知之间的选择，不应该取决于人们理解认知的方式，而应取决于有机体与生态媒介之间特定的互动关系。具体而言，生成认知有助于解释有机体与环境之间存在的构成关系，而延伸认知有助于解释反馈，即一个确定的实体对一个同样确定的实体的回路效应。因此，关系和反馈是只有依靠 4E 中的两个才能够被研究的不同现象。

那么，其他两个 E 怎么了？很简单，体化认知是所有其他 E 中隐含的标准：不管是哲学上还是实验上，身体在解释认知中的作用已被认为是必不可少、不可协商的，因此体化认知是多余的。而对于嵌入认知，如我们所看到的，由于其一词多义性，处理起来比较复杂：事实上，它既可以指一种延伸的反动态度，也可指一系列的方法（支架的、分布的），这些方法或多或少地，都可归因于以非限制性方式理解的延伸的概念。基于上述的原因，嵌入认知可以被归入延伸认知的一般名义之下。

是什么将延伸认知与生成认知分开，以至于它们不能在单个 E 中结合起来呢？生成认知是一种具有高度关系性的理论提议，对它来说没有一个可延伸的中心，而存在着一种机器与其环境之间持续的能量交换。我们也看到了，迪保罗的生成认知论是如何试图通过加入适用性的概念，来完善自创生理论的原始模型，以说明有机体在一个潜在的全面背景下调节这种关系的方式。然而，在这一节中，我想通过某种方式，如非明确地，那至少隐含地，来探讨各种生成理论与安迪·克拉克、大卫·查尔莫斯的经典提议相比较的方式，即通过调查各方与人造物的关系，而不仅仅是研究有机体与环境两方之间的关系。这种直接的比较，应该有助于说明，对于以认知主义为天职的媒介学研究，为什么生成认知的关系方面与延伸心智隐含的反馈方面一样有必要。为了方便起见，从现在开始，我们可以把这两个 E 分别称为 EM（延伸认知）和 EN（生成认知）。

英国哲学家阿尔瓦·诺伊（Alva Noë）在他的第二本书中，用了整整一章（标题为《延伸的心智》）来论述延伸的问题，但使用了词汇"延展的心灵"（wide minds），很可能是为了与传统的延伸心智区分开来。那么，EM 和 EN 的区别是什么？是否有什么东西超越了认为延伸心智源自功能主义，生成认知来自生物学、现象学和实用主义的不同认识论背景？

哈佛教授麦克·惠勒（Michael Wheeler）的论文是引发文献中关于这种可能性比较的争论的最早出版物之一。这位哲学家宣称，延伸心智和生成认知是不相容的，与人们从肤浅的思考中理所当然认为的恰恰相反。然而，迪保罗认为，EM 的界限是由我们在4E 认知中看到的功能等效原则所代表的：EM 不应该简单地自问，心智是近似于"头"还是与其大相径庭，而应该彻底重新思考一下，头（大脑、心智）是认知活动的物理和功能中心这个原则。然后，使用我们已经讨论过的适应性原则，他指出："心智/生命系统保存了生命（自创生），但又不同于生命，且实际上能够将媒介关系的体化纳入它的本身构成中。"

这种区分对于迪保罗来说，再一次归因于不同的认识论背景，这种背景不可避免地产生了识别一个内与一个外、一个内部与一个外部的趋势。而我们已经知道，认知是一个内在的关系性的过程，是没有边缘的，也就是说，不可能"给生成认知引入一个认知的内在论观点。实际上，外在论观点也不可能！认知是相互作用中的意义构建：它是关于自我构成身份所确立规范的耦合调节，这种规范引起了这些调节以维护规范自身，而认知没有一个存在地"。

EM 和 EN 之间可能的交叉平面，也让激进生成论的支持者丹尼尔·胡特（Daniel Hutto）和埃里克·迈恩（Erik Myin）对之深感兴趣。在他们的第一篇论文中，这两位哲学家提出了新术语"广泛的心智"（mente extensive）。这一举动并没有被功能主义源头的延伸心智的支持者所忽视，也未逃过分布式心智支持者的关注。这些支持者们想知道，制造一个新词来定义一个已在文献中被广泛标记的过程，究竟有什么必要。两位作者在一篇文章中给出的回答，与之前的答案没有太多差别，因为这个回答又一次基于对功能主义范式的质疑，而延伸心智正是来源于此。特别的是，对功能主义的批判有两个方向：一方面，这种批判攻击实验性功能主义，是建立在简单地因惯性而继承的方法论假设上的罪魁祸首；另一方面，它又转向伴随着延伸心智首个定义的常识性功能主义（奥托和尹加的例子）。

最后，朱利安·基弗斯坦（Julian Kiverstein）建议解决以不同方式描述从身体内部到外部反常过程的三个 E 的整个争论，化解了过去二十年来将嵌入方法和延伸方法分开，而支持生成认知的分歧，因为微分方程的数学，构成了动态系统理论的特点并成为其基础，在描述主体—世界的耦合方面更有效。实际上，这些方程式的解释力在于这样的事实，即在两个系统，比方说 S1（主体）和 S2（环境），因这种数学上的相关性而耦合的情况下，一个方程式的变量构成了另一个方程式的函数。

然而，埃文·汤普森和莫格·斯塔普莱顿（Mog Stapleton）提出了一个不同性质的比较。对于之前关于生成方法所提倡的内部和外部之间固有的不可区分性，这两位作者保持一致的立场，但

随后关于我们在上一章所遇到的延伸与缩减以及外化与内化的概念
(《延伸和缩减 VS 外化与内化》,第 51 页),他们又提出了进一步
的论点。在其论文的最后,两位作者抛出了一个非常有趣的提示,
来表明 EM 和 EN 之间的区别不是基于对认识论工具的批判,而是
基于所谓的透明度约束:"身体边界之外的某个东西想要被算作认
知系统的一部分,它必须在身体的意义构建与环境之间的相互作用
中以透明的方式发挥作用。"实际上就是说,如果一种工具在被使
用时从经验现象中消失不见,那么可以说,它已经成为使用它的系
统的不可分割的部分,且媒介化现象可以在生成论范围里被有效地
解释。如果反之,它仍然可见,那么延伸概念则是更有效的。

在我看来,该问题的最后一种表述是最值得关注的,原因有两
个:首先是其并不起源于对构成 EM 和 EN 特征的认识论范式的质
疑;其次,两种方法都支持这种表述,并且使得选择不是源自对认
知的哲学态度,而源自主体与生态媒介组织之间的关系。如果我对
汤普森和斯塔普莱顿的提议理解正确的话,媒介透明可以作为区分
关系现象和反馈现象的指导原则。然而,他们的提议建立在一些有
关媒介体化概念的哲学和实验性研究的基础上,我认为有必要详细
回顾这些研究,然后再进行关系和反馈之间的直接比较。

/ 工具、假体、橡胶手和背心 /

运动、演奏乐器、开车，你们可能至少有过其中的一种经历。让我们以开车为例，当我们成为老司机时——我指的是能够熟练且轻松驾驶汽车的人，会发生两件事情。第一件是我们在刚学会开车时执行迟缓且小心翼翼的一系列动作，变成了一个动作、一个整体的行为。第二件是汽车变成了我们身体的延伸，变成了一个假体元件，假如车门蹭到我们曾发誓要躲开的那根柱子上，我们自身也会痛苦不堪。在开车这个例子中发生的情况，对于吉他和网球拍同样适用，即乐器的持续使用改变了我们神经元的态度，神经元开始将这件乐器视为我们身体的一部分。乐器因此不再是我们之外的其他东西，而成为我们的一部分。我们稍后将看到的一些实验，提供了关于身体如何被事物改变的线索，并为以下假设提供了一个实验支撑点，即主体和世界的界限不是清晰、稳定的，而是根据有机体所处的生态媒介条件而发生变化。

在"延伸和缩减 VS 外化与内化"中，我们看到了通常在研究背景中具体化的双重二分法，在这种背景中，调查的重点恰恰是身体与人造物之间的关系。在本节里我将继续探讨延伸的概念，并深入研究一种特殊类型的内化，即体化的过程。这个术语通常用在认知科学领域，我打算用它来明确定义一个工具变为身体一部分的过程。体化与内化的区别——我要再次强调，体化构成了一个特殊情况——在于所涉及的组件，即依附在身体上的东西的物质性。简而言之，这不是一个书写被内化为过程的问题，而是随着特定的神经生理学和现象学反应，将我手臂的可及范围进行延伸的工具，因为这个工具被有机体吸纳（体化）了。

现在，延伸和体化并不是两个对立的过程，相反，它们之间肯定存在着张力和部分重叠：如果一个工具改变了主体的运动行为，那么意味着这个工具成为身体的一部分。但这也许是一个角度的问题：事实上，我们可以说，身体在工具上得到了延伸。我们试着举一个简单的例子，想想普通的近视眼镜：戴眼镜所得到的视觉体验是这样一种体验，想要有效，必须做到不需要眼镜本身，即镜片必须对观察者不可见，那么观察者的唯一视觉对象就仍只是现实。只有镜片从观察者的视野中"消失"，它才能发挥功能。在这种情况下，我们可以说，身体通过眼镜延伸了自己，因为这使得观察者的原始生物状态得到了增强。因此，我们也可以说，眼镜被有机体体化了。

然而，这种体化是不稳定的：只要系统正常工作，眼镜就会成为我的一部分，因为我忘记了它的存在；出现意外时，如我累了或者镜片脏了，延伸的组件依然存在，但体化的感觉却消失了。从这个简单的例子中，我们可以确定一个与使延伸和体化对立的二分法相对的角度：延伸似乎比体化更容易获得且更持久，体化则需要更多的实施条件。具体而言，要想实现体化，延伸工具必须消失，但要想让它消失，必须满足其一系列关于我们身体的现象学的具体条件。

鉴于这些考虑，我们何时可谈论体化和延伸呢？这个问题在文献中得到讨论，即使并没有达到其应有的广泛程度，尤其是考虑到它可能会带来巨大的治疗和康复意义。对概念阐明最有条理的尝试来自研究者海伦娜·德·普瑞斯特（Helena De Preester），她主要从神经科学研究、体化认知和现象学出发，邀请我们思考两个实质性的要点。首先，这位学者提出了一个双重并置，即体化相对于假体、延伸相对于工具。其次，她建议将这种细分应用于我们能够认为是现象经验的三种一般能力，即行动、感知和认知。让我们从行动开始。

在美国哲学家肖恩·加拉格尔（Shaun Gallagher）于体化认知领域所做的贡献中，身体基模（schema corporeo）和身体意象（immagine corporeo）的定义及区分，对理解延伸和体化的动态起着重要的作用。加拉格尔首先重建了这场辩论，强调了经常伴随这两个术语的定义的概念性混乱，然后他提出了一个准确的区分："身体意向的概念有助于回答关于身体在感知领域的外观问题；相反，身体基模的概念则有助于回答身体形成感知领域之方式的问题。"因此，身体意象是我们对身体的表征的集合，不仅是我们对身体的视觉感知，且是我们对身体的社会、文化和刻板印象的表征；身体基模，则是主体相对于环境所经历的感觉运动可能性的集合。让我们暂时忽略身体意象，而集中于身体基模和一个在某种程度上与环境相对应的概念上——超个人空间（spazio peripersonale），即由我们的有机体附近的身体基模的存在而定义的空间。

从对猕猴进行的研究开始，我们知道超个人空间是一个以自我为中心的空间，之所以有这样的现象体验，是因为负责构建它的运动地图是由双模态神经元形成的。双模态神经元指的是，这些神经元既回应视觉刺激也回应触觉刺激。实际上，这些触觉刺激对触摸的感觉进行编码，例如手的触摸，而视觉接收区也对与手所占据区域有一定距离的空间进行编码：这意味着，存在于 F4 区域的双模态神经元，对身体的区域进行触觉映射的同时，也对与有关的身体部位邻近的空间区域进行视觉映射。因此，身体周围的空间与双模态神经元每一次提供的坐标均是相对而言的。

尽管这个边界的辨别已是与身体牢牢挂钩的，但如果使用工具，这个边界就会发生变化。日本神经生物学家入来笃史（Atsushi Iriki）与其同事们进行的开创性实验显示，如果训练猕猴使用耙子来取回食物，通常参与手臂映射的体感接收区也包括了耙子。更准确地说，这些学者们发现，当刺激物靠近手时，视觉接收场的神经元并没有被激活，但当其靠近耙子的末端时，神经元却被激活了。实际上，设备的使用完全地延伸了猕猴的超个人空间，使其适应了耙子带来的新的运动可能性。通过这一开创性的研究，人们得到了这样的想法，即设备的使用，通过身体基模对于空间的重新配置，可以决定对周围空间的重新映射。

对于超个人空间、身体基模和工具使用（tool-use）的研究，不仅证明了身体对于理解认知的不可或缺性，也证明了将我们与我们所使用之物辨别开来之边界的灵活性。这个争论仍在继续，因为这些术语的定义本身就存在争议，对实验数据的解读也不总是明确的，但有一些实验证据支持了现象学的直觉——比如梅洛-庞蒂的盲人手杖的经典案例——我们与之建立假体关系的物体被我们的认知特殊对待，即把它们当作我们身体的实在部分。

理解这些现象的可能性（及局限性），有助于确定我们能在多大程度上将这些现象的直觉转移到媒介学领域。例如，体化现象可以仅通过想象使用工具就能发生：在想象使用工具获得一个物体后，主体的手动抓取这一动作的执行，显示出手腕的移动因工具的"存在"而降低了速度。有一项实验报告指出，本体感觉对于设备在身体基模中的体化发生至关重要。对患有"传入神经阻滞"———一种临床症状，即体感接收体信号无法被规律性地传送——的病人进行的测试表明，患者未将设备体化来适应已存在的运动程序，而是创造了一个全新的运动程序。这个说法可根据以下事实推论得出：患者没有发展出手臂运动的典型运动学反常（病变），而这对于那些非患者是会发生的。但反过来说，只要观察到一个设备的使用情况，就足以引发体化现象，但前提是观察者持有同样的设备。换句话说，如果一个主体看到另一个主体使用某个特定工具来抓取东西，那么观察者这个主体一旦拿起同样的工具，就会对自身的超个人空间进行重新调整。另一项研究指出，使用工具的形态决定了所产生体化的类型，因此如果工具是手或手臂形状的，身体表征的变化将分别发生在手或手臂上。

因此，在某些情况下，技术既可以通过变为假体而被体化，也可以作为纯粹的工具而延伸；所有这些都与我们的运动、感觉或一般认知能力有关。但是，是否总是且必须是这样呢？假设我们要去一个未知空间寻找某个东西，我们可以使用一个工具，或者直接使用双手。我们会怎么做？例如黑猩猩使用双手来打开装着食物的盒子，而用工具去打开它不知道内部是什么的盒子。为了更好地理解这种态度，我们必须在关于体化认知的辩论中引入两个与身体基模和身体意象同等重要的核心概念——身体归属（body ownership）和主体性（agency）。我们拥有的体化经验以这两种不同现象为特征，据此我们感觉到我们的身体属于自己，同时也是我们所做事物的创造者。在正常的经验中，这两种方式同时发生，但在某些病理或实验条件下，它们可能是分离的。在我们的案例中，即使一个工具可以延伸主体性，但它不一定必须作为有机体的一个组成部分来体验。为了说明这种情况，弗雷德里科·德·维涅蒙特提议区分工作的身体基模（schema corporeo di lavoro）和防御的身体基模（schema corporeo di difesa），前者负责的是以在世界上完成某事为目的的运动，而后者负责为保护自己不要受世界影响的运动。延伸和体化可以被视为与这两种工作基模相对的现象条件，因此即使我们可以被工具延伸，但工具也不一定要成为我们的一部分，仍可保持与我们不相容。这就是为什么用棍子探索未知区域具有优势。

然而，延伸和体化可以由其他原则支配，而不是立即归因于监督它们与有机体结合的实际目的。如今很著名的橡胶手错觉便是一种展示我们身体的假体融合程度的状态。这种错觉的基础在于使接受实验测试的主体像体验自己的手一样体验一只橡胶手。通过一系列的措施，包括隐藏被测试者自己的手，该手受到外界刺激的同时，一只出现在被测试者视野内的橡胶手也同样受到刺激，由此，实验者可以诱导被测试者产生对橡胶手的拥有感（ownership）。通常，实验者们会用触觉刺激这两只手（生物手和橡胶手），使受测试者看到橡胶手受到的刺激，而感受到自己的生物手的刺激（但他看不见生物手）。最后，多重感官的融合引导受测试者相信，自己感受到了橡胶手受到的刺激。

很多约束会导致错觉的出现：首先是多重感觉融合，但涉及橡胶手物理特征的局限性，这些物理特征必须服从其体积、空间、姿势和解剖学的限制。希腊心理学家马诺斯·萨科里斯（Manos Tsakiris）认为，存在一个身体—模型（body-model）来规范什么可以或不可以被体化，并以绝对和相对的方式来控制该过程：在第一种情况下，可参考先天性约束，如肢体的形状应该被替换掉；在第二种情况下，应更多考虑的则是前后关系方面，如橡胶手相对于手臂的方向或侧面性。不过，争论是开放的，因为已经证明，拥有的感觉可以同时在两只橡胶手上得到体验，或在大理石材质的手上，或在机械手上。

至于感知的延伸和体化，我们需要往前追溯整整五十年。事实上，在 1969 年，美国神经科学家保罗·巴赫 - 利塔（Paul Bach-y-Rita）证明，通过使用设备，可以将来自一个感觉通道的刺激转化为通常不基于这些刺激的体验。换句话说，感觉替换装置允许人们通过其获得视觉或听觉，这种技术通常被用于康复目的，使聋人或盲人能够通过其他渠道获得缺失的感觉。这个因巴赫 - 利塔而为人所知的仪器，利用了一种触觉刺激器的模式，这种模式根据设置在主体头上的相机所拍摄的内容而产生各种配置：适当排列的特富龙[①]针，根据拍摄内容相应地刺激主体的背部。一段时间的练习后，受试者便能够"看到"各种各样的物体，并表现出对一个平面上物体之间的重叠和相互位置现象的敏感性。

　　我简单介绍的这个实验，无论是在实验应用中还是哲学辩论中，均产生了非凡的影响。对于前者，新出现的数据是关于大脑可塑性的，即大脑皮层根据有机体的新需求进行自我调整的内在能力，而无论这些需求是由生态压力、生理变化还是生活经验造成的。可塑性的概念至关重要，除再可塑性的意义及与自创生的关系中遇到过以外，我们还会在下一节里继续遇到。在很多情况中，可塑性的概念往往伴随着其他定义，这些定义想要说明，大脑能在多大程度上为尚未明确进化的主体（意义构建）产生意义和目的。意大利神经科学家维托里奥·加莱塞（Vittorio Gallese）就此提出了神经利用的假说，以证明为感觉运动融合而进化的镜像神经元系统是如何被利用来获得社交和语言能力的。文献中还提出其他的理论提议，如共享电路模型和神经元再循环，但只有最近的一个提议——神经重用试图将皮层在生态环境改变后重新自我重组方式的

────────────

① 特富龙，即聚四氟乙烯，俗称"塑胶王"，商标名 Teflon。是一种使用了氟取代聚乙烯中所有氢原子的人工合成高分子材料。

不同观点统一起来。无论具体差异如何，科学界一致认为，大脑是一个能够进行可塑性适应的器官，它能够极尽所能，不会过于僵化地服从既定的遗传程序。

同样地，感觉替代现象也被从哲学的角度进行了深入的讨论，主题涉及了与替代过程的现象学含义相关的众多方面。当一个皮层区接收到通常刺激其他区域的感觉源的输入时，会发生什么？主体的经验是由皮层区决定的还是由感觉源决定的？这两种情况都可能发生，取决于是否存在皮层主导和皮层服从，前者决定了皮层的主导特性，因此以第一人称体验的原因归结于此；后者在体验的发生中优先考虑感觉源。比如说，在盲文阅读中会发生皮层服从，因为视觉区域是通过触觉刺激来激活的；而在幻肢的例子中，皮层主导则被非常有效地显现出来（请参考《双重的起源》中，第147页）：在没有真实刺激的情况下，主体依然能够感觉到已缺失肢体的存在。

另外，可塑性适应的活动可以越过这种二分法，并成为以前不可能的新认知操作发生的条件。让我们思考一下，如果大脑是可塑的，且能够融合新的输入源，那么是什么阻止它获取新形式的经验呢？如果就行动的各个方面而言，体化似乎受限于严格的限制，而就感知而言，阻碍则似乎较小。为了方便起见，我们可以明确指出感知角度通过工具被调节的三种方式：模态内（intramodale）、模态间（intermodale）与模态外（extramodale）。模态内关系是最常见的，涉及的是停留在同一模态内并调节感知可能性的工具。镜片的例子就属于这一类，因为镜片调节（放大或矫正）一个特定的感知模态，即视觉。模态间关系是涉及感觉替代工具的典型情况，其中一个模态的缺失（视觉或听觉）可以通过另一种模态（触觉）来恢复。第三种关系，即模态外关系是最雄心勃勃的，也是在纯理论范围里最具挑衅性的关系，因为其引入了这样一种观点，即从一个给定的感觉渠道中，人们可以获得一种全新的体验，而这种体验与我们所掌握的任何感觉模态都无关。

这是两位美国学者大卫·伊格曼（David Eagleman）和司各特·诺维奇（Scott Novich）的目标，为此他们发明了一种"触觉—听觉"替代仪器，取名为 VEST（versatile extra sensory transducer，多功能额外感觉传感器），并为之申请了专利。这个 VEST 是一件实在的背心（vest 在英语中恰好为"背心""马甲"之意），它通过对背心穿戴者的上半身进行触觉刺激传递信息。该背心的最初几次公开展示大获成功，为他们赢得了一些私人投资，使得 VEST 不再仅是一个实验性项目，并且发展为一个商业项目。事实上，VEST 最初的治疗目标又被转移到两个手环上，这两个手环使用相同的原理，能够帮助聋人重新获得声学信息。我们这里讨论的是通过皮肤传递信息这个原理：如果震动触觉信号的传播方式能够使主体分辨不同的构造，那些同样最初缺乏意义的构造也将会开始获得意义。开发该项目的首要问题是了解最大的"皮肤振幅"，即我们身体传递可辨别信息范围最广泛的器官的生物能力在哪里。这两位学者确定，利用皮肤传递信息能力的最佳方式，是使用在空间和时间维度上扩散的刺激；也就是说，刺激来自一个 3×3 的网格，网格中所有的圆柱体能够以三种不同的方式振动：一次一个、多次激活的配置（空间维度）或动态配置（时间维度）。确立了这个参数后，剩下的就是测试大脑的可塑性要有多大，才能保证模糊的触觉刺激流变成一种重要的体验。

负责开发这类产品的 NeoSensory 公司决定重新定位 VEST，将其从模态间反馈领域转移到更具未来主义的模态外反馈领域。比如呢，通过感受飞行干扰来操控无人机、强化游戏体验、感知只包含某个特定标签的推特内容！在所有这些情况下，都是通过利用"身体—背心"系统的（再）可塑性，将明显无序的一般输入转换为有意义的延伸体验，最终丰富人类的知觉库。

/ 所需要的时间 /

在最近的一项研究中，我提出了一个假设，即应该将时间视角与通常的空间视角放在一起，来研究延伸和体化。这样做意味着不考虑内部和外部的范畴，而考虑之前与之后的范畴——不那么以人类为中心——来提出问题。如果我们好好思考一下就会发现，延伸和体化暴露出一种有机体至上的态度，按照这样的态度，我们判断一个过程是延伸还是体化，是根据一个假定的界限。比如皮肤这个界限标志着一个边界：如同在前一节所讲的，所有发生在皮肤之外的为延伸，而所有潜入皮肤之下的，不管是物理上还是功能上的，都被称为体化。除了被一种以人类为中心的态度所损害之外，这种描绘现象的方式也是片面的，因为只有采取时间视角，我们才能观察到个体在其环境中的发育。因此，我的提议如下：媒介的时间划分产生了三种不同的时间——基因型时间（tempo del genotipo）、表现型时间（tempo del fenotipo）和个体的时间（tempo dell'individuo），它们的相互作用表现出了按照参考时间尺度的关系特征和反馈特征。

正如我们所见（《生态媒介》，第 42 页），演化发育生物学的任务是理解一个特定表现型是如何发展的，它不仅要考虑遗传程序的发生，还要考虑多种制约因素。最近，基因作用的分散化又迈出了一步，在重新审视有机体和环境的规范概念方面也取得了进展，这些变化催生了所谓的"生态与演化发育生物学"。这是一种解释进化与发育动态的模型，与演化发育生物学相比，它更强调那些被环境调节的特征。

生态与演化发育生物学的理论连接点有两个：共生发育（sviluppo simbiotico）和发育可塑性（plasticità dello sviluppo）的概念。前者对有机体和环境的范围提出质疑，因为两个实体并不总是可以理解为相互对立的。我们可以看看宿主与其共生体的例子，前者一般是体型较大的生物，它接纳了体型较小的后者。最常见的例子是奶牛，它由作为宿主的奶牛和奶牛胃里的众多共生体——细菌、真菌和古生菌共同组成。宿主和共生物的结合即全生物体，该全生物体（olobionte）的生命和发育是在共生（simbiosi）中进行的，因为宿主有机体实际上是共生有机体的环境。因此，这种分类使生物体和环境之间的区别相对化，并被认为是所有动物发育过程中的标准条件。在我看来，生态与演化发育生物学和以下观点是一致的，即参与到关系过程中时，实体与实体之间的边界纯粹是描述性的。

发育可塑性表现在不同环境条件下且没有基因型差异的情况，不同表现型的实现；已知的发育可塑性有两种：反应规范（norma

di reazione）和多型性（polifenismo）。反应规范的一个例子是训练引起的肌肉肥大，得益于反应规范，我们可以管理肌肉系统的发展；在这种情况下，表现型变异仍然被限制在一个范围内，即基因组编码的潜在表现型范围。另一方面，多型性表示环境压力——温度、营养、重力、光照、危险情况的存在、同类生物存在与否——诱导不同表现型的能力，即使这些表现型属于同一物种。比如说迁徙蝗虫，它们根据所在种群的密度发育：发育出短小、绿色和均匀翅膀的表现型，表现出一种孤独行为；发育出较长、彩色翅膀的表现型，表现出一种群居行为。

现在，让我们暂且不谈共生发育，而重点说说发育可塑性。一个有机体是可塑的，意味着它对来自环境的干扰很敏感。但我们知道，环境实际上是一个媒介环境，因此在环境因素的列表中，我们必须要考虑到已成为环境因素的人造物。在前一章中，我介绍了"生态媒介"（《生态媒介》，第 42 页），该术语旨在强调人造物与环境之间的密切关系，即环境总是媒介化的环境，而媒介很多时候也被认为是真正的环境。因此，发育可塑性在很大程度上取决于生态媒介的方面。但是，从共时角度来看，在时间中出现的属性和潜能是不可见的。为了充分掌握所有可能的因果关系的效应——实际的以及潜在的，这些效应可能影响可塑性——我们必须建立三个不同的时间种类：基因型时间、表现型时间和个体的时间。

至于基因型时间，生态与演化发育生物学的强势赌注在于，展示环境（以及其中的技术）不仅在可变性的选择中发挥着积极作用，且甚至有助于创造可变性。简而言之，生态与演化发育生物学旨在提供令人信服的证据，来证明从一代到下一代的可遗传特征并不一定是父母基因组中存在的特征，而可能是从同表现型的有机体身上获得的，并且在一系列情况下，稳定存在于该表现型所属的群体中。根据生态与演化发育生物学提供的模型，将环境导致的特征传给后代的步骤如下：发育可塑性是基础；如果这个特征稳定下来，就会参与到表现型调节（accomodamento fenotipico）的现象中。但是，想要该特征不随某个个体消失，就必须使之影响到该表现型所属群体的绝大部分（新变异的扩散），如果这种扩散与繁殖成功结合，则会产生基因调节（accomodamento genetico），其定义为"进化改变是由一个特定选择导致的过程，这个特定选择取决于多个因素，如调整、形态，以及环境所致特征的影响"。

再说表现型时间，其适用于"越早越好"的原则：一个体化（或内化）的发生，与环境因素施加影响的早熟（precocità）有直接关系。实验表明，若在鸟类胚胎发育期三天半时，将一片金箔插入到其胫骨和腓骨的前软骨母细胞中，可以看到两种效果：胫骨的缩短、随之而来的腓骨与胫骨之间的连接变化。同样的道理，天生缺少肢体的人可能会有一定概率的幻肢经历，但如果是截肢导致了缺少肢体，概率则会升高，且与截肢时间相对应：截肢发生的时间越近，经历幻肢的概率就越大。

最后，关于个体的时间，我们必须参考上一节。正如我们所见，工具的体化受到一些无法消除的限制。因此，从现象学的角度来看，延伸比体化更容易，因为我们可以延伸自己的身体如我们的超个人空间，而不用相应地调整我们的拥有感：要想更灵活地运用工具，我们不需要感觉到它是我们的一部分，而需要暂时性地延伸我们四肢可触及的空间。在这种情况下，时间视角的分析使我们能够避免空间视角中隐含的人类中心主义：当我们采取空间视角时，我们在一个描述性背景中拥有固定的位置——如内部和外部——其中的主体是决定可行性条件的唯一实体。相反，从时间视角来看，我们不必总设想是有机体在物体上延伸，因为有时候是物体在有机体上延伸，它可临时代理对象的准假体（quasi-protesi）。马拉弗里斯认为："在构成物质介入过程特点的动态张力中，有时候是物体成为人的延伸。在其他时候，是人成为物体的延伸。在这个游戏中没有固定的施事角色；只有朝着'最大获取'运动的不间断作用力。"

因此，在处理问题时，已经不只是要考虑物体在外部还是内部，物体是否延伸，物体被内化还是体化，而是要先问一问，什么是先有的：延伸，无论其表现出的方向如何，它始终在体化之前，是体化的初始阶段，也是其可能性条件。延伸（和外化）被认为是一个融合过程的初始阶段，因为它们不需要像体化和内化那样，要求很大的结构性牺牲。尽管如此，只有在发生延伸和外化的实例之后，引起内化和体化的结构性混乱才会出现。

/ 关系、反馈、亚稳态 /

在转向案例研究之前，是时候总结一下到目前为止所提出的建议了。在本书的第二章里，我曾尝试说明，处理有机体与事物之间关系的尝试历史是多么古老，且广泛存在于在不同的知识领域，甚至是异质的知识领域。与此同时，我还介绍了一些构成了问题支柱的常见理念：延伸、缩减、外化、内化，物质性、平等性和时间性，以及关系、再可塑性和亚稳性，目的是展示所有问题的共同目的性，而撇开解决问题的方法论不谈。在本章中，我接着尝试将这种概念综合引导至认知主义范式中，因为后者能够将哲学思辨和实现应用结合起来。我提出的综合可总结如下：身体和世界在一个构成性关系的过程中伴随出现，这个构成性关系确定了两个极点，但这两个极点仅存于其具体的时间实现中，该实现通过再可塑性降低了有机体的亚稳性。尽管亚稳性总是以一定的程度出现在生命体中，但渐进的个体稳定又限制了关系过程，使之成为反馈过程，即在确定的实体之间发生的事情。在某些情况下，反馈因素又可以改变亚稳性平衡，以至于恢复构成性关系过程。

　　让我们试着分解这个吸收了生成认知、西蒙栋哲学以及物质介入理论（MET）术语的定义。生成认知和西蒙栋论点之间的类似令人特别惊讶，尽管控制论对于瓦雷拉和西蒙栋的影响或许是理解这种深刻联系的关键。构成关系是身体和世界生产过程的基础，而生成认知则是阐明生命形成的最有效方法。生成论点的强项在于将认知视为身体与环境的关系性结果，这个过程中不存在一个传播中心（大脑或者身体），而有一个不涉及主导实体的绝对循环，不管是时间上的还是空间上的。时间是一个必然的变量，因为它约束着现实；事实上，没有时间性就不可能有关系。放弃关系的本体论特征，将会导致一个必然选择，即将有机体和环境设想为预定义的、不可改变的实体：如果延伸心智诞生是为了回应传统设想的认知过度封闭，那么其他理论方法就会通过激化这种向外的推力而牺牲主体。

　　在关系过程的开始，系统的亚稳性最大，生命个体充满潜力。从生物学上讲，这个阶段与表现型发育及动物适应其"感官世界"（Umwelt①）最初阶段相吻合，在此期间，感知被付诸行动。与无生命个体（物体）不同，生命个体试图保持系统亚稳性的完整，这与其自身的生命维持（自创生）相吻合。然而，生命体的渐进式结构化将引起亚稳性的相对降低，以至于"个体逐渐失去了其可塑性及

_____

① Umwelt，德语单词，表示"周围的世界""感官世界"，即每个动物感觉到的世界就是他的 Umwelt。

保持亚稳性，即找到解决多种问题的能力。可以说，生命个体逐渐且越来越构成自身，当远离自己出生的时刻之时，它会倾向于重复以前的行为"。这种亚稳性的降低可以用物质介入理论中隐含的再可塑性来描述。随着个体的生命不断发育，再可塑关系产生了双重效应：一方面，它通过促进个体与其生态环境之间的感觉运动及认知协调来稳定系统；另一方面，它提供了能够部分恢复亚稳性的潜在新机会。

正是通过再可塑性的双重作用，生命个体既可以稳定也可以失衡。在第一种情况下，在某个界限——无法严格定义这个界限，但其大致与感觉运动能力和认知能力的成熟相吻合——之后，有机体和生态媒介之间的关系最好在反馈性范围内来描述，因为个体的稳定性降低了它们的关系潜力。从关系到反馈的过程标志着从 EN 到 EM、从生物学到现象学的转变：有机体与生态媒介之间的融合效应，现在可以被描述为在一个凭借它给予事物的意义而在精神上被定义的主体之中发生的情况。尽管生成认知试图通过引入适应性的概念来考虑这一层面（请参考《生成认知》一节中第 94 页），但在我看来，以延伸为根源的理论更为有效，因为它们并不意味着绝对的关系性，同时包括了生态媒介对于有机体的回路效应（反之亦然）。

在第二种情况下，再可塑性会使生物个体再次失衡——或者，更好地说，使之亚稳。因此，反馈是一个临时阶段，不仅因为它发生较晚，且主要是因为它不是最终的。有时，反馈特征十分强大，以至于引起亚稳态的升高，接着在绝对关系性的层面上恢复有机体与生态媒介之间的关系。关于这种现象发生的条件，是真正难以确立的问题。在"生成认知"一节中，我们已经看到，媒介透明性的概念作为 EM 和 EN 之间的"准则—界限"已经被提出来了。本书的其余部分将通过分析三个案例来探索这种可能性：再现性媒介（第四章）、光学媒介（第五章）和视听媒介（第六章），以及两种自然"实体"：致幻物质和电（第七章）。

第四章／岩画、图像与自我感知

在这一章中，我将尝试检测前三章提出的问题，同时验证人类视觉是否以及究竟如何经历外化或内化过程，以及这些过程主要是反馈性质的还是关系性质的。我所提出的案例研究可以被重新引向最典型的表征技术，即图像。图像让我们意识到视觉的表征属性，也就是说，图像通过外化的形式向我们揭示了视觉本身的一些内在属性，而在自然感知的情况下我们是无法体验到这些属性的。

本章第一节将介绍图像与认知之间相互作用的一般问题，并着重强调通常的理论倾向，即把与感知有关的认知过程视为视觉的图像（immagine della visione），也就是说，视为世界的表征。通过重建争论的一部分，我将尝试说明，客观图像于头部的视觉隐喻是如何在当代认知研究中发挥了极其重要的作用。在第二节中，我将利用认知考古学，提出对这一隐喻的部分修正，并提醒人们，并不需要援引图像在头部的存在来解释感知重新唤起的过程，而是要认识到，物理图像在我们通常归于认知状态的一些属性的出现中发挥着重要作用：那么，这个隐喻就是，图像是对于头部的，也就是说，图像是在假体关系建立之前为个体揭示无法想象其属性的事物。

/ 视觉的图像 /

在阅读这些文字的时候，请试着闭上眼睛，并在你周围的空间里四处走走。这种感知状态的重新唤起，就是认知科学领域所谓的"心像"（mental imagery）。意象（imagery）一词很难翻译成意大利语，因为后者中没有相对应的词汇。其实，心像既不是想象也不是虚构的事物，而是更基本的东西：仅在人体内部重现的视觉感知，也就是能够在没有感知刺激时重现的图像集（insieme delle immagini）。为了描述视觉感知的重新唤起，人们使用一个术语来暗示这个假设，即假设当我们重新唤起一个感知经验时，我们看到的是我们头脑中的一系列图像。事实上，并不是所有人都将这些图像称之为图像的：它们的专有名称是心智表征（rappresentazioni mentali），是"代表"其他东西的实体，但其格式不一定非是视觉—空间的。

正是围绕这个事实，在 20 世纪的最后几十年里，认知科学领域出现了一个越来越大的争议。争议的对象为何？确立心像之心智表征是否具有真正的视觉—空间格式，或者是否为命题性质的？换句话说，确立这些视觉图像——尽管它们在我们的意识中看起来就像图像一样——实际上是否只是一些基于命题逻辑的符号计算？这场争议的一方是"写实主义者"，另一方是"命题论者"，这是一场以实验与哲学异议为特征的长期斗争：前者认为心像的表征具有视觉—空间属性，即拥有空间延伸性，并表现出与普通感知同等的水平（如视网膜区域定位、空间频率和方位）；后者则引用了美国哲学家内德·布洛克批评性定义的"摄影谬误"，即假定头脑中存在具有视觉—空间性质的图片，这些图片就必须忠实再现先前感知到的每一个细节。命题论者借助这种心像的明显缺乏——让我们试在心里数数一只老虎身上的条纹，就会意识到这一点——来反对心像的视觉—空间特征。我不会详细讨论细节，因为这场争议太过错综复杂了；但我想重提之前的一个话题来重新审视在那里进行的推测性建议：图像、感知和认知之间的关系。

让我们一步一步来。首先，我们假设写实主义者战胜了命题论者，赢得了这场战斗，那么视觉的图像确实具有视觉—空间结构。我们将再次面对三个相互作用的认知过程：普通感知、我们在心理上对这种感知的图像（心像）和物理图像（le immagini fisiche）。我们可以在心像和物理图像之间设想什么样的等同呢？从这个意义上说，值得多说几句，以避免可能出现的误解。在我所介绍的背景中，"表征"（rappresentazione）一词可以合法地指代两个事物：它可以指关于心智表征及其所表现出的相对格式的争议；或者更笼统地定义一个"代表"其他东西的实体，而不考虑心智表征的格式。因此，与其说按照本书所推动的能动性视角来建立大脑处理心像和物理图像的方式之间是否存在对应关系，不如说我想知道，在这两种类型的图像之间是否存在某些现象学等同，因为它们都是作为不存在之物的替代物来执行其功能的。法国哲学家埃德加·莫兰（Edgar Morin）在其关于虚构事物的著作中谈到了技术影像（摄影和电影），他写道："摄影是指阴影、反射和双重的复杂且独特的品质，它能够使心像特有的情感力量固定在图像上。"

这种推理方式似乎倾向于我们头脑中存在图像这个隐喻，但该隐喻却因暗示了心智表征的使用而被生成论者所否定。在他们看来，心智表征是从经典认知主义继承而来的最后几个教条之一，应该被清理掉或至少被重新评判。相反，我认为，没有必要仅为了避免头脑中图像的隐喻，而放弃探索物理图像和心像之间的一个可能性现象学对等：只要对其稍加修正便可。首先，不要把它看得太重：不要认为头脑里有"心智之眼"看到的图像，而只需要明白，从现象学的角度看，对过往事件的感知重唤可以表现出与图像特征类似的特征。然后，如同我们将在下一节中看到的，在与最崇高的心智表征的比较中，认识到物理图像拥有一个比它们通常被赋予的更大的作用。

物理图像可以被感知，而心像能够被记起或被想象。从现象学的角度来看，正如埃文·汤普森（Evan Thompson）在一项专门比较普通感知、图像感知、记忆或想象的重新唤起的研究中建议的那样，我们可以界定"我们正经历的事物的性质特征"——这个事物可以是一所房子、一条狗或是走路，以及"我们经历的心理行为的主观特征"——我们可以看、想象、记起一所房子、一条狗或一次散步。普通感知具有呈现性（presentazionale）特征，因为经验的内容就在世界之中，就在我的面前；而记忆和想象具有再现性（ri-presentazionale），因为这次的内容必须被找回并被重新呈现给我的意识。（请注意，汤普森宁愿使用连字符并发明一个新单词"ri-presentazionale"，也不愿使用"representational"这个单词，正是为了避免我之前提到的关于"表征"的概念的误解，尽管从词源上看，它们的意思是相同的，即"再次呈现"。）对图像的感知（图片浏览）是有问题的，它既是呈现性的，也是再现性的，因为物理图像既是可直接感知的，也是可唤起的，条件是它们所指的是其他不存在的东西。毕竟，我们的感知记忆，如同我们的意象，向我们呈现了一些不存在的东西；同样地，图像给我提供了一个不存在的实体，尽管它们是我们可以触摸的东西。物理图像和意象有着共同的表象性特征，因此不仅在术语根源上相近，且在现象学上（fenomenologia）接近，即在我们亲身体验的方式上相似。然而，怎样才能考虑到再现性特征——从此以后，在避免任何可能性误解的前提下，我们就只说表征性——而不诉诸传统的心智表征呢？

　　一个可能的解决方案是转向关于心像的某种辩论，而不是专注于写实主义者和命题论者对立的众所周知的二分法，这个辩论中相互对立的分别是仿真主义者（simulazionisti）和模仿主义者（emulazionisti）。在这种情况下，问题并不在于表征格式，而如我们所说，在于是否有必要诉诸类似于表征的一些概念，或者简单的感觉运动重新唤起对于意象的描述是否足够。根据仿真主义者（生成论者也可以被归入其中）的观点，一个离线（off-line）行为足够解释心像现象，而模仿主义者则肯定，这种感觉运动实现应该发生在一个物体或环境的重建中，而这个重建必然具有整合纯运动模拟的属性。

问题的关键是：如果在感觉运动重新唤起的情况下，可以说我唤起的内容就是我的身体——它始终存在于我自己面前，因此随时可用——那么，不再存在于我前面的唤起感知的内容是什么呢？解决该问题的秘诀往往是通过复杂的术语调整来解释。例如，美国哲学家丹尼尔·胡特（Daniel Hutto）指出："表征性内容的概念并不广泛，它并不能包含文献中充斥的所有内容概念。例如：它并不自动包括有时被称之为'现象'的内容。不能想当然地认为，享受具有某种现象特征的经验就意味着处于一种具有表征性内容的心理状态中。同样地，也不能简单地认为，处于对某些物体或事物状态的认知关系中便意味着处于具有表征性内容的心理状态中。"因此，正如现象内容常常被排除在表征主义讨论之外，那么表征性内容也可以被排除在现象学讨论之外。汤普森认为，"现象的心像（phenomenal mental image）不是由心灵的眼睛所洞察到的现象的图画（phenomenal picture），事实上也不是任何种类的静态图像；而是通过唤起和主观模拟一个物体的感知经验，来重新呈现这个物体的心理活动"。没有图像，只有对过往经验的重新唤起。但汤普森对于仿真 VS 模仿的对立引起的问题十分敏感，他在意象的情况下指出："我们可以说，将 X 视觉化意味着通过对 X 的中立化体验进行仿真或模仿，来重新呈现 X。"中立化标志着与回忆的区别，在该例子中，X 确实发生过，这个信念始终出现在重新唤起的过程中。关于这种中立化的无效性以及由此产生的不良归因可能问题，是基于我们认知的图像的一些反馈案例，我们将在下一章看到。

露奇亚·弗亚（Lucia Foglia）和里奇·格鲁什（Rick Grush）这两位学者提出一个关于心像的模仿理论建议，该建议基于一种实质上是认知论的方法。为了正确评价该提议的贡献，我们可以想象一下俄罗斯方块。这是一款从 20 世纪 80 年代开始盛行的电子游戏。众所周知，这个游戏的目的是将不同形状的方块嵌在一起，建造尽可能坚固的墙。玩过这个游戏的人都非常清楚，有两种方法可以得知掉下来的砖头是否能嵌入下面的墙：通过游戏按钮切实地转动方块；或在心里进行同样的操作。使用上述两位作者的术语，在第一种情况下，我们面对的是一个显性情况，而第二种情况则是一个隐性情况。在显性情况的例子中，没有什么需要特别解释的：一个身体作用于一个可见的物体，仅此而已。而在隐性情况中，"主体以一种离线模式，实施了与显性情况中出现的同一系列行为，*此外还在显性行为起作用的事物的内部模型上调整了这些行为*"。这两位作者认为，正是以上斜体部分的内容将仿真主义方法和模仿主义方法区分了开来，因为在运动模仿中还加入了该动作起作用对象的心理模型。那么，问题就变成"一个模型和一个表征之间的区别是什么？"他们的回答是，由于试图消除命题论者和写实主义者的二分法，一个模型可被定义为：如果 A 可以与 M 相互作用，且相互作用的方式类似于 A 与 X 相互作用的方式，那么 M 就是 X 的模型（对于一个代理 A 来说）。

因此，这两位作者认为，简单的仿真模拟是不足够的，但为了促进与生成论立场的交锋，他们指出，与其使用表征概念所带来的图像隐喻，术语"模型"（modello）也许更合适。这又是对技术术语的微妙的重新解释。在我看来，混杂方法（生成—模仿）的重要意义在于，它给事物和环境赋予了至关重要的作用，因为它不满足于考虑运动仿真，而是将行动发生的对象以及可能的环境牵扯其中。

正如我们所见，图像在现象学上是模糊的，因为它们在现实中可见，但所指的却是不存在的东西。模型或表征（在这一点上是哪个并不重要），始终是我们对与之产生过感觉运动关系的世界（或事物）的一种事后重建。用这些术语来表述，意味着提倡一种态度。与现象学传统一致，这种态度确立了感知优先于认知的立场："这不是把人类的知识归结为感觉，而是参与到这种知识的诞生中，使知识如同一个可感觉到的东西一样变得感性，并获得理性的意识。理性是这样的：当人们认为它有目共睹的时候它便消失，相反地，在一个非人性的背景下，理性又会回归。"

本章的目标是描述物理图像的反馈特征以及这种特征如何重构我们认知的某些方面。我们将从已知最早的表征形式——岩石图像开始，然后转向一个推动了内化和外化过程的关于假体视觉工具的研究。我在此提出的假设，以及我将会在下一节和第五章继续讨论的是，图像并不是我们使用的对象，而是我们前往的地方，是我们模拟身体经验的模仿环境。因此，调节我们感觉运动可能性的并非工具，而是交替的环境。

/ 旧石器时代的画家 /

对于今天的我们来说，与图像打交道是非常明显的，但图像并非自古以来就存在，而是由我们的"视觉祖先"在某个时期引入的。此次引入的发展过程如何？我们怎么会成为富有想象力的动物？我相信，（物理）图像是我们假体感知的结果，而非预先构成的（心理）图像的实体化：要回到推动了命题论者和写实主义者之间经典争议的隐喻上来，我不认为我们的头脑里有图像，而认为在世界上已经存在而且仍然存在针对头脑的图像。为此，我想提出一个观点。这个观点在认知考古学领域已得到推动，但它影响了关于图像作用的普遍理解。根据这种观点，在智人与图像之间的媒介关系的起源上，我们的祖先并不是因为先得到了具象属性的心理表征，然后才创作了岩石图像，而是恰恰相反：通过反馈，岩石图像——很可能是为了回应上述经验模仿过程的外化尝试而被创造的——使图像的表征属性得以显现。

这种推理方式是认知考古学的基石之一，其中 MET（"两个考古学”）代表了最新的成果：人造物不仅是一种预先存在并负责它们被创造的认知能力的可视证据，且是这种能力出现的物质性并存原因（concausa）。我使用"并存原因"这个词，有一个非常重要的原因：在该情况下，无论如何都应存在一个认知映射的过程，即一种存在于认知行为与其所投射的载体——美国学者埃德温·哈钦斯称"依然是物质的"——之间的相互影响：在我们的案例中，我们只能假设，"旧石器时代的画家"只是拥有模仿了环境的意象，而不是其具体的形象描绘；因此，模仿构成创造过程中涉及的另一个并存原因。正如英国考古学家科林·伦福儒（Colin Renfrew）所言："绘图者通过铅笔来思考。制陶者通过一个复杂的程序用压力机来塑造花瓶，这个程序不仅存在于大脑中，且存在于手中、身体的其他部位以及身体的有用延伸中，如旋转的盘子中，自然还存在于黏土中。在上述每种情况下，进行理智且有意识的动作的经验都超出了人类躯体，也超出了单个个体的大脑。"

赋予物质对象一个同等作用的举动，与意大利认知考古学家杜伊里奥·加罗弗里（Duilio Garofoli）所定义的"表征先验论"，即智人的表征装置先于所有物质实现这一原则相对立。从生成领域里对表征主义的评论入手，这位学者批判了所谓的心理认知考古学（mental cognitive archaeology，简称MCA），主要是因为其既非简约，亦与考古学证据没有密切关系。缺乏简约性是相对于以下事实而言，即假设特定的属性（表征）先于人造物存在，而在考古学上这一点并没有得到验证。他的批判尤其集中在MCA的主要模型上：由詹姆斯·科尔（James Cole）提出并发展的身份模型（2015年）。

在定义其模型时，科尔界定了 6 个身份等级，这些等级的发展与主体在社会背景中与他人交流的意向水平一致：内部身份（主体具有自我意识）、外部身份（主体意识到另一个个体也具有类似的自我意识，因此识别出自己的意识）、"intex" 身份（intex 是 INTernal 和 EXternal 的融合，是主体希望被其他个体归因于他的身份）、集体身份（这是一种价值观共享，这些价值观使主体相信，他所做的事情是被其他群体成员所理解的）及抽象身份（是一个将集体身份理想化的抽象概念）。由一个群体所达到的身份等级所表明的丰富关系，应是物体被创造的基础，因此构成了物体可见及可触摸的实体化。换句话说，该模型认为，社会文化特征的意义先于人造石器和装饰物存在，并通过这些人造物被传达出来。

从哲学上讲，身份的模型基于元表征先验论（apriorismo metarappresentazionale）和抽象表征的先验论（apriorismo delle rappresentazioni astratte）。元表征即表征之表征："我知道我知道 X，也就是说，我具有二级表征（我对……的认识），该表征涉及其他表征（……我知道 X）。"根据元表征先验论，这些意义构成了旧石器时代人造物被实现的必要条件；而且，这些元表征具有先天性，或者说是由特定的认知模块预先设定的。总之，如果不以表征能力的先天性为前提，就无法解释人造物的传播。

抽象表征的先验论同样建立在先天存在的原则之上，但不要求表征装置为先天的。它是通过生物文化转化过程获得的，而该过程是由涉及了颞顶交界处①脑区（giunzione temporoparietale）的突变增强而引发，其新构造使得用于创造能传达符号意义的身体装饰品的元表征能力获得了发展。

在其定义的激进体化认知考古学（radical embodied cognitive archaeology，简称为 RECA）领域，加罗弗里提出要颠覆视角，进而颠覆联系着内部世界与外部世界的因果关系。RECA 采取了一种简单且最基本的方法，这种方法不要求存在用来解释人造物存在的表征—设想，将人造物本身视为一个能够"为其感知和行动创造可视性（affordances）"的实体。据此，人造物不是某个创作者的设计方案的结果，而是能够提供新感知和运动可能性，且在其制造的行为中自我产生的元素。

如何将这一原理应用于图像？美国哲学家兰布罗斯·马拉弗里斯提出了一种可能的解读："我认为，我们在肖维岩洞②（Chauvet）和拉斯科岩洞（Lascaux）里看到的那些创作于 3 万年前的图像，在描绘世界之前以及之外，还为一种世界内部的新行动过程赋予了生命，同时也催生了思考世界的方式。"也就是说，这些图像不是内部表征的外部复制品，而是被唤起的感知经验的感觉运动推论的结果。马拉弗里斯用来证明这一立场的美学论点基于这样一个证据：仔细观察肖维岩洞中的壁画，人们会注意到，这些壁画是按照一种被定义为"规范的透视法"，即一种在感知上易懂的

---

① 颞顶交界处是大脑的一部分，是大脑的主要结构，许多重要的认知过程都在此位置发生。
② 肖维岩洞和拉斯科岩洞位于法国南部，因内部发现石器时代的壁画而闻名。

透视法来表现出来的，可以让人立即识别出图像的主体。

我们无法确切地知道，这些图像为何被创作出来——法国考古学家勒罗伊 - 古汉曾提醒过我们，对这些岩石图案的解释均是纯粹猜测性的，但我们可以采取一种简约的原则，并假设这些图案是一个经验唤起过程（心像）的证明。在经过不断的感觉运动调整，以使发展出来的外部表象与模仿经历过的感知经验的唤起相吻合后，完成的图像所提供的可用信息超过了执行者所拥有的信息，因为前者揭示了图像的特定属性。这些属性如接近性、相似性、良好的延续性等，已被格式塔心理学① (psicologia della Gestalt) 广泛地描述过，且被认为是感知的基本属性。马拉弗里斯建议道："尽管通常我们体验世界的时候，并没有意识到这些基本属性对我们的感知装置所产生的影响，但这种属性如果被适当地物质化，其本身就有可能成为人类认知的对象，从而以一种有意识的方式出现在我们眼前。"

"旧石器时代的画家"将他的视觉转化为了图像，而未追求一种表征性或创作性的目标，但是在感觉运动的参与之后，当他为视觉的基本属性显现创造了条件，并将以表演—现象学为主的心智转化为一种反思性、表征性的心智时，他就开始拥有了表征性的视觉 (vedere rappresentazionalmente)。说到感觉运动的参与，英国学者约翰·奥尼恩斯 (John Onians) 提出的关于肖维岩洞内雕刻的重

---

① 格式塔是德文 Gestalt 的译音，意即"模式、形状、形式"等。格式塔心理学（德语：Gestalttheorie）是心理学重要流派之一，兴起于 20 世纪初的德国，又称为完形心理学。由三位德国心理学家在研究似动现象的基础上创立。

叠图案的假设十分有趣，尤其是在熊爪子留下的痕迹附近绘制的熊：在该例子中，如果主体在一个表面上留下了其手势的轨迹，皮层运动系统就会被激活——最具说服力的实验案例为意大利画家卢乔·丰塔纳（Lucio Fontana）的油画创作中隐含的手势，通过唤起镜像神经元的非模态属性。奥尼恩斯提出了这样的假设，仅仅是看到熊爪留下的刻痕，就足以唤起画家看到熊曾在此做出的动作。将狩猎—采集者与熊联系在一起的移情纽带，再次成为实现一个被唤起事件的动机因素。

这些研究均受到了吉布森理论[①]（dottrina gibsoniana）的影响。环境是刺激动物的首个也是最重要的因素，是为新产品发展创造机会的基质，这些新产品不可避免地提供了思维产生的新机会："工具带来了新的工具，不管是在其生产中还是在使用中。石头和木头的属性一旦被观察和操纵，也就为新的区别和新的习惯打开了整个领域。"于是，动态就会被反转：不是我们在制作我们头脑中有的东西，而是这些东西为我们的头脑提供了新的机会。寻找图像创作起源的原因和因果解释，注定是要寻找考古学上永远无法获得的实体：心智不会留下自身的痕迹，只有人造物会。因此，我们必须从人造物开始研究，且避免将其理解为一种服从于预定计划而恰好被包装好的产品，而应该仅考虑其物质方面及由此带来的感觉运动可能性。我们与图像相互作用的目的将不可避免地变得模糊：我们可以猜测、假设，但我们永远不会获得肯定的答案。相反，专注于感

---

① 美国知觉心理学家詹姆斯·吉布森（James Gibson）提出的系列理论。

觉运动过程而非认知项目有两个优点：第一个是根据 RECA 的精神
提供简单的解释；第二个是给我们提供了一个与图像互动（生产和
实现）的模型，图像的范围可以普遍适用于当代媒介情境。让我换
一种说法：如果对一种媒介化的解释始于一个历史上确定的代理所
拥有的假定的认知装置，那么我们所能获得的只是对该特定相互
作用的一种猜测。如果分析的对象变成了自我物质介入（material
engagement），那么调查不仅提供一种对岩石图像创作现象的可能
解释，还将适应于任何时间性和任何历史—媒介环境。

但是，我们与图像的关系的普遍性特点又是什么呢？意大利
学者弗朗切斯科·安蒂努奇（Francesco Antinucci）在其致力于文
字与图像技术发展的研究中，正是从岩石艺术的案例研究开始来阐
明一个原则，即"绝非例外，一个奇怪的历史之谜构成了——几乎
似是而非地——伟大发明的不变模式"。这是一种重新功能化，"其
包含了一个过程，在这个过程中，对象的属性/部件/特征，相对
于之前过程变得更加突出。这种'以不同方式观察'同一对象是创
新过程的核心；这个对象还得到了另一个关键推力的帮助和青睐：
对现存事物的机会主义利用"。根据马拉弗里斯和安蒂努奇的说法，
图像让我们看到得更多。不过，他们又都认为，核心方面在于不将
可实现方案而将假体结果主题化：对有机体和环境之间的互动机制
的理解，必然是应该通过关系与反馈的作用，这两种作用在岩石图
案例子中都存在。事实上，表征性观看的（延伸）反馈产生了一种
新的生态（生成）关系，这种关系使我们成为表征性的动物。

那我们如何使这些原则适应于当代媒介环境呢？我们不再是

狩猎采集者，且已将图像内化为技术，因此我们的生态媒介关系和几千年前的早已迥然不同。尽管如此，关注物质性和感觉运动可能性，而不是关注我们祖先一个可能的心智方案，为我们提供了适应模型的工具。再次讨论这个问题之前，我想先着眼于其他打开了我们视野的技术，且在人类视觉复杂化的过程中，几千年前就已经出现在图像周围的技术：假体视觉工具。

第五章／科技『魔镜』照出『我是谁』

如果说图像使我们能够表征性地观察（或思考），那么在我们的进化历史过程中，我们已经通过所谓的假体视觉工具（strumenti di visione protesica），极大地扩展了我们的感知可能性。在本章第一节中，我们将探索人类最强大、最古老的视觉技术之一——镜子（或者更确切地说：反射平面，镜子只是其中最新的成就）对我们物种的影响。然后，在第二节里，我将试着说明，镜片的技术统治是如何延伸了我们的生物感知：部分是通过与镜子保持连续性，部分是通过创造新的感知机会。最后，在第三节里，我将讨论技术影像（或"技术图像"），即那种将图像的表征性原理、镜子的反射原理及镜片的放大特性融合在一起，从而将实物转化为表征性格式的特殊类型图像。

这些技术之所以实现了反馈过程，原因很简单，是因为它们使我们看到更多，或者使我们以一种不同于我们自身生物装置所能及的方式去看：从最基础的，看到我们自己的脸，到感知危险的十字路口后面是什么，再到观察月亮的表面。不过，这些技术也会产生涉及身份和记忆调节的关系性影响。我在本章中将要探讨的部分问题也同样适用于上一章，因此图像与视觉环境——在这种情况下称为假体视觉工具——之间的区别仅出于解释目的而提出：我们在屏幕或岩壁等支撑物上看到图像，其中一些是通过使用放大技术工具而获得的。

/ 双重的起源 /

镜子对我们来说是非常特别的物体。它们是存在于我们环境中，从记忆开始我们就非常熟悉地使用着的表面体：我们每天都会遇到镜子——每天至少一次，但通常远远不止。我们不会对镜子本身太在意，或者更确切地说，我们只是认出了在那儿反射出来的人，而该行为并未要求我们对实现这种魔法的载体进行深刻的反思。比如说，我们不会自问，今天镜子是否"忠实地"还原了我们的形象；我们也从未想过，要是没有镜子的帮助，我们的生活可能会有什么不同；还有，我们常常会忽略这样一个事实：这些价格低廉的玩意儿，原本是非凡的技术成就；最后，我们无视了它们是我们个性形成中不可或缺的物体。在本节中，我将试着展示、关注这些方面：如何以及为何帮助我们认识镜子，这个具有非凡力量的中介物。

最初的反射表面十有八九就是水坑。十分有趣的是，古汉语中指代镜子的象形字正是"盛满水的容器"之意①。从技术发展的角度看，人造反射表面（还不算是真正的镜子）伴随智人已经至少有八千年了：在阿纳托利亚②地区发现的抛光黑曜石碎片，是证明人类可能有意与反射平面建立假体关系最早的考古学证据。随后的系列研究证明，大约在四千年前，反射表面在所有已知的稳定社会中已被广泛地使用。但我们还要等待很长一段时间，才会出现第一批接近现代镜子的技术成就。在意大利，大约从文艺复兴时期开始，镜子技术从当时的重要文化中心传播开来，但最初我们谈及的镜子是较小、变形、不纯质的。制作镜子最大的困难在于玻璃板的制作，因为玻璃板必须是纯的、均质的。镜子技术发展的这一阶段之所以引人入胜，还与当时耸人听闻的工业情报事件有很大关系③。15世纪下半叶，玻璃制造师家族贝洛维耶里家族（Berovieri或Barovier）成功制造出如晶体一般纯净的玻璃。但实际上，关于晶体玻璃的原创作者归属还有争议，如同在技术发展方面时常遇到的情况，来自多家的改进很可能是同时发生的。不过，法国王室制造厂的加入给制镜工业带来了极大的推动力，他们大胆尝试并确立了大型镜子制造商的霸主地位。

尽管有法国人的参与，但还是在意大利，镜子的使用比其

① 此处所指汉字为"监"。"监"始见于甲骨文，其字形像人俯首在盛水的器皿里照脸。大约到春秋时加"金"旁成为"鉴"，指映照的工具——盛了水的大盆，类似于后来的镜子，引申指可作为参考的事。
② 阿纳托利亚（Anatolia）是亚洲向西突出的一个半岛，位于黑海和地中海最东部之间，与今土耳其的大部分地区大致对应。
③ 当时威尼斯因掌握制造镜子的技术而大赚一笔，其他欧洲国家想要盗取情报，引发许多工业间谍活动。

他地方更早地产生了显著的社会效果，比如作为绘画的辅助工具而盛行。菲利普·布鲁内斯基（Filippo Brunelleschi）和列奥纳多·达·芬奇为镜子新功能的盛行做出特别的贡献，尤其是在镜子所带来的尺寸校正和检验功能方面。布鲁内斯基的实验之所以留名后世，是因为它是线性透视发明史的一部分。他将镜子作为检验工具，绘制了一幅完美的圣约翰洗礼堂的透视图：他在画板上钻了一个喇叭状的孔，使人能从画板背面通过这个孔窥测到支撑在画板前的镜子，以及反射在镜子上的画作影像。这样，他就可以将画作与真实的建筑物正面进行比较，来对画作是否绝对逼真做出判断。然而，根据对其传记的研究，我们并不能确定他在创作阶段也使用了镜子。莱昂纳多使用镜子则常常是出于自我评估，如果画家的作品完成得很好，"那么这幅画在一面大镜子里仍然会显得很自然"。此外，镜子可用来观察反射的作品，通过镜面反转来发现可能的错误。镜子能够上下或左右反转任何东西，使人的感知获得了极大的延伸，比如对空间的概念和自己相对于空间的位置。

镜子在意大利扎根并开始在欧洲发展起来，随后在荷兰绘画中得到了强有力的重新肯定，尽管它们的结果并不相同，这一点我们将会在下一节看到。画家扬·范艾克（Jan van Eyck）的作品《阿尔诺菲尼夫妇》（1434年）是凸面镜在北欧绘画中展现其魅力的一个显著例子。长期以来，画中的场景一直引得人们猜测其含义：这是一场婚礼还是一场为即将到来的新生命举起的庆祝？说到画面的左右两边，男子伸出左手的姿势很可能意味着，这是一场两个社会等级不同的人之间的婚姻，但背景中的镜子暗示着，这幅画有可能是反射造成的左右倒置。但实际上，镜子可能具有更大的作用。法国作家让·菲利普·波斯特尔（Jean Philippe Postel）对镜子的反射内容，尤其是对镜子未反射的内容进行了仔细研究后，提出了这样一种观点：这个场景代表着一个幽灵从炼狱归来。不光是真实场景中的狗未被反射，如果走近画面并用放大镜观察镜子里的内容，就会发现一些非常有趣的细节，这些细节再与画作中遍布的象征意义结合起来，便会揭示这个令人寝食难安的真相。无论争议的结果如何，有趣的是，波斯特尔将这一创作意图归结于范艾克，即必须通过镜子才能发现隐藏的信息。因此，镜子是多个世界之间的边缘通道，是自我和空间的强大技术。

波斯特尔的这种解读让我们从艺术领域进入了一个更具认知性的领域。实际上，在一般的认知意义上，我们能够充分体会到镜子的外化和内化的范围。首先，这个物体让我们识别出自己——我们意识最基本但很复杂的形式之一。正如我一开始所提到的，要理解这种现象的范围并不容易，因为我们已完全习惯了它的存在。为了更接近我们在生命最初18个月所经历的，但早已经被遗忘的惊愕之感，我们可以想象游乐园的新奇景点和服装店里的试衣间。在这些地方，多重的反射表面让我们看到自己被反射出来的形象，我们可以从一个全新的角度看待自己——侧面或背面。一旦我们被自己的形象"逮住"，我们立刻就会发现，自己的形象是无法抗拒的，我们会情不自禁地屈服于对自己身体的观察，沉迷其中。

有了镜子，"我"就变得可见，但这种外化是一种意象，或者用雅克·拉康[1]（Jaques Lacan）的话来说，"象征矩阵"（matrice simbolico）在自我的任何其他定义形式——社会的或语言的之前，决定了主体的功能。镜子是介于主体内部世界与其周围空间之间的一条分界线。事实上，它不仅是一条线，我们还可以说，它是一个入口，是主体性通过实施外化过程而进入世界的一个通道："对于意象，镜像似乎是可见世界的门槛，假如我们想象'自己身体的意象'在幻觉和在梦中呈现的镜中布局[2]，那么就涉及其个体特征，甚至是其缺陷或其客体的投射，或者假如我们注意到镜子装置在那些双重显现中的作用，那些异质的精神现实就从中表现出来。"镜像阶段（stadio dello specchio）产生了一个幻觉实体，主体会通过构造其自身的认知发展来试图给这个实体以稳定的形式。

从发展的角度来看，理解镜像原理的能力并非一蹴而就，而是在婴儿出生后的头几个月里逐渐形成的。最初，婴儿会被镜子所吸引，但还不能控制镜子的功能。这些功能除了自我识别，还涉及通过镜子进行一定程度的空间探索，如大象就能这么做：它们通过镜子来了解食物的空间位置，从而找到隐藏的食物。另一方面，得益于美国生物心理学家戈登·盖洛普（Gordon Gallup）在 1970 年进行的以斑点测试为基础的著名实验，自我识别也被认为是黑猩猩、猩猩属和倭黑猩猩的特性。因此，承认镜子有着决定性的作用，就

---

[1] 法国精神分析学家和哲学家。他提出的诸如镜像阶段论等学说，对当代理论有重大影响，被称为自笛卡尔以来法国最为重要的哲人，在欧洲他也被称为自尼采和弗洛伊德以来最有创意和影响的思想家。
[2] 镜中布局指的是镜像的左右颠倒的特征。

等于承认，如果没有这种物质参与，智人的某些认知功能就无法实现。换句话说，我们认知的构成部分之所以存在，只是因为世界上存在能够触发它的物体。

这并非全部。镜子的魔力并不局限于众所周知的自我识别、空间探索或视觉辅助等形式。从某种意义上说，如果采取特殊的措施，这些功能可以同时显现出来。通过镜子，我们还可以欺骗自己的意识，让我们相信正在发生的事情实际上只是一个巧妙的镜面布局的结果。说白了，把重点放在自我识别上，将会掩盖或至少限制对镜面体验更广泛和更复杂的理解。继拉康之后，法国哲学家梅洛-庞蒂已经将镜面感知认定为一种现象，这种现象与其说是加强或证明了自我的存在，不如说是将自我的识别复杂化了，因为它所产生的主体性不仅来自对自身的触觉感受，而且可以从另一个视角来看：我将自己看作另一个，因此我将自己看作一个在主体间空间里可被看到的客体。

在这些现象学直观的基础上，关于镜子的研究已经变得多样化，不再仅关注镜子的自我识别形式，且探索着镜子能够产生的诸多惊人现象，而这些现象正是始于镜子这种能够实现自我异化的虚幻能力。临床上有一种可怕的现象，叫"幻肢"（arto fantasma）：遭受截肢的患者仍然能感觉到那些肢体，仿佛它们未被截去一样，他们感受到疼痛、僵硬，且能够"移动"那些肢体。这种情况最戏剧化的地方不是要接受能感觉一个已不存在的肢体的事实，而是治疗的不可能性。事实上，如何能对不存在的东西进行治疗？大约二十年前，神经科学家维莱亚努尔·拉马钱德兰（Vilayanur S.

Ramachandran）在对十名手臂截肢患者进行了一场特定的幻肢训练后，给出了这个问题的答案。在实验中，他要求参与者们将健康的手臂及断肢一起伸入一个盒子中，盒子中央放置着一面镜子。这个特殊制作的盒子能使受试者看到反射在镜子中的手臂，由于镜子的左右倒置布局，让受试者产生了重新看到自己幻肢的错觉。进入盒子后，受试者被要求进行双臂同步运动。实验的结果无可辩驳：一些患者体验到了幻肢移动的鲜活感觉，另一些则感觉疼痛减轻，还有一些人感受到了触觉甚至联觉①现象。

镜子还可以通过重新整合身体的统一性而使人产生更强大的幻觉：身体妄想症（somatoparafrenia）是一种身体意识障碍，患者会对自己身体的一部分产生错乱的信念，比如感觉那一部分不属于自己。在一个实验中，两名身体妄想症患者站在镜子面前时，能够识别自己的肢体，而在无镜子的正常观察中，他们却将自己的肢体认定是他人的。令人惊奇的是，尽管他们通过镜子拥有了正常的体验，但一旦没有了镜子，这些患者就无法继续感受到自己的肢体：仅仅在移除镜子几秒钟后，他们又开始否认事实了。

这种由镜子产生的"透视错觉"也适用于健康的主体：在这种情况下，镜子不是要主体将已经属于自己但自己却无法感觉到的一块身体识别为自己的，而是要主体将一个人体模型识别为自己身体的替代，从而获得一种体外体验。在所呈现的实验环节中，通过录制的视频以及使用虚拟现实观察器观看视频，受试者被展示了在不

---

① 联觉，又称为共感觉、通感或联感，是一种感觉现象，指其中一种感觉或认知途径的刺激，导致第二种感觉或认知途径的非自愿经历。

同视角下的人体模型：第一人视角、第三人视角和反射在镜子中的第三人视角。接着，人体模型的多个身体部位被触摸，实验者则通过对受试者进行问答和检测皮肤反应后表明，镜子条件下，在人体模型上引起的物主身份（ownership）与第一人视角条件下如出一辙。

因此，镜像媒介发生在一个关系和反馈的级别上，因为它在多个层面上影响着人类的认知：它不仅是一项自我的非凡技术，引起了一种根本不可能实现的功能——自我识别（关系），且通过修复幻肢或促成分离现象的经验，使我们在身体之外还能体验到自己的身体，从而影响人们对自己身体的感知（反馈）。以镜子为最新技术阶段代表的反射表面，是双重的原始技术，或者说是复制自身并成为自己视觉的对象，这样一个自我的原始技术，其实也是空间技术。这个空间成分不容小觑，因为镜子空间在任何情况下都是一个可探索的空间，一个可以前往的地方，一个可以增加感觉运动潜能的生态复制品。从生成的角度来看，主体的躯体始终都是一个代理身体，因此镜子外化的不仅是身体，还有身体所处的环境，同时触发复制过程。这些复制过程并非孤立地影响形体的存在，而是影响着空间里运转的整个体验结构：我们通过镜子将自己的体验外化，我们在别的世界里体验着其他的身份。内化过程使我们无法意识到这一现象的惊人程度；镜子体验引起的成瘾和麻醉是不可避免的，因此镜子不再被感知为工具，而是被视为一个空间、一个环境。

/ 弗美尔内化了开普勒？ /

镜子并不是改变我们生态关系的唯一光学仪器。事实上，如果我们静下心来思考一下镜子的技术性质，就会意识到其本质是现实与金属的巧妙结合。但是，如果对玻璃进行加工并获得曲线形状，则可以获取其他可增强感知能力的宝物：镜片。与反射平面一样，镜片是非常古老的工具，在历史中我们一直用它来放大现实物体的外观。透过镜片，我们可以在视觉上调节物体的大小，但是只有镜片的组合才能显著地扩大我们的感知范围。想要获得一个类似于普通望远镜的工具，必须要考虑到另一个光学原理，即暗箱原理：众所周知，如果光线穿过一个不管是大如房间还是小如盒子的平行六面体上的一个针孔，这束光线会产生一个反射出现实但倒置且模糊的图像。暗箱拥有上千年的历史，被认为是理解摄影发展的关键因素；就像我们将看到的那样，它对艺术的贡献可以与阿尔伯蒂①的

---

① 阿尔伯蒂，指莱昂·巴蒂斯塔·阿尔伯蒂（Leon Battista Alberti，1404—1472）。意大利文艺复兴时期的建筑师、建筑理论家、作家、诗人、哲学家、密码学家，著有《论建筑》《论雕塑》和《论绘画》。

线性透视相提并论。

如果用镜片代替针孔，最好的是用适当设置的透镜系统来代替针孔，那么在投影平面上获得的图片不仅会被拉直并聚焦，还能显示一些肉眼看不见的现实面貌。这一部分是由于系统内在的光学结果，一部分是对现实世界的真实展现。对于艺术家们来说，这如同天赐之福，他们从此可不费吹灰之力就将世界转变成图像。讲述这个故事有很多种方法，但在我看来，斯韦特兰娜·阿尔珀斯（Svetlana Alpers）对 17 世纪荷兰艺术的解释为最佳。在这位美国新艺术史家的解释中，开普勒（Keplero）的光学理论和荷兰画家扬·弗美尔（Jan Vermeer）的作品被交织在了一起。

阿尔珀斯提出的论点是基于这样的信念，即北欧绘画（弗美尔无疑是其中最著名的代表之一）使用了某些技术上的策略，但并不是为了弥补某些创作中的不足，而是遵循了一种表现视觉的特定传统。正是在这里，开普勒在这位美国学者的解释中发挥了作用：在其研究的某一时刻，开普勒意识到，后来由他本人完善的观测工具——望远镜，会产生无法消除的失真效果。从这一考虑出发，他将这一原理应用于他认为是人类使用的第一个光学仪器——眼睛。眼睛由于受制于同样的定律约束，也会产生类似的效果。开普勒是第一个描述眼睛功能的人，他的描述中展示了一些令人震惊的事实：我们看到的不是视网膜图像，因为当被投射到视网膜上时，图像是倒置且不清晰的。我们看到的是一个过程的结果，这个过程涉及我们身体的其他部分，但要完全了解视觉，我们必须首先认识到，在视网膜上形成的图像的物理特征，是穿过我们称之为"瞳孔"

的生物针孔并在视网膜上自主产生的光学图像。

正是在开普勒的直觉所开创的光学图像与图像的主观体验之间的纲领性分离中，阿尔珀斯界定了荷兰艺术（以及整个北欧文化）的鲜明特征："为了以这种方式进行推理，或者更具体地说，为了以这种方式来研究眼睛，他必须将作为观察者研究对象的眼睛的机制，即眼睛作为与光线有关的光学系统的功能，从看的人，从观察者，以及从我们如何看的问题中分离出来。对如此理解的光学研究始于光进入眼睛，止于图像在视网膜上的形成。"事实上，开普勒"将视觉非拟人化"，即在给定某些条件的情况下，将视觉过程理解成可以与个体脱离且机械地发生的事情。简而言之，至少在人类视觉过程的初始阶段，图像在一个表面上的产生并不需要生物结构，而需要物理环境。

将感知体验与感知对象分离开来，对理解绘画艺术的方式产生了深远的影响，因为在关注的中心不再是主体看到的世界，而是在一个在客观表面上以光学方式间接呈现出来的世界，无论该表面是眼睛还是暗箱。阿尔珀斯将这种绘画方式定义为"开普勒式的"，与之相对的是源于意大利文艺复兴时期的"阿尔伯蒂式的"。一般来说，开普勒式的方式旨在以客观方式表现现实的一个碎片，而阿尔伯蒂式则创造了一个由艺术家主观性产生的虚构世界的窗口。在设计和可塑性方面，这种双重策略在不同的维度上具体化，但我们在此最感兴趣的是，在开普勒式图像中没有识别出一个决定场景的明确且成型的观察者。这并不意味着开普勒图像不是以透视方式构造的，而意味着表征平面是由图像形成的同个表面，而非外部观察者所强加的,这个外部观察者与一个理想平面(框架)相交时,就会产生相应的图像。

那么,机器的视觉就变得很重要,并与因此增强的人类视觉并列。在艺术史和技术史的关系领域,弗美尔是否有可能使用暗箱来辅助其创作,是一个颇具争议的问题。文献中被讨论最多的分析之一是由丹尼尔·芬克(Daniel Fink)提出来的,其论文中对弗美尔画中的十处光学效果进行了分析,这些光学效果成为这名荷兰画家使用过暗箱的直接证据。我将例证讨论前三个,因为它们实际上都是相互关联的:焦平面的选择、模糊圈的存在以及高光漫射的存在。模糊圈是光学中非常普遍的现象,是由特定的像点开始产生的光圈组成;而高光漫射则是一种降低图片清晰度的现象,使其渲染效果更柔和、更扩散,尤其是对于彩色物体和高光。这两种现象都与暗箱使用者选择的焦平面有关:离焦点位置越往前或越往后,以上提及的效果就越强烈。

这些现象是我们肉眼所不可见的,因为在普通视觉中,我们会以极快的速度调整焦点,大多数情况下是无意识的。而光学设备一旦设置了特定的焦平面,便会得到一个受相对焦平面制约的图像。芬克提供了很多案例,使我们可以从中发现,画家选择的焦平面正是作品背景墙的平面。当人们慢慢远离墙面,可以看到远离焦平面的图像区域中存在着光圈和眩光。

同样知名的还有美国学者查尔斯·西摩尔(Charles Seymour)的分析。西摩尔的结论似乎更加谨慎,因为其研究尽管集中在同样的光学现象上，但他在举例的同时，对弗美尔所处的历史背景和视觉传统也考虑在内。正是在这个关头，西摩尔谈到了一种产生图像的"开普勒方式"，即把科学影响和艺术影响汇集在视觉经验的统一领域中。因此，在他看来，理解弗美尔的选择中有多少这种汇集的意识，这一点变得很重要——无论他是否借助于暗箱。关于其作品中与绘画背景无关的科学影响，还有另一个独特的因素，该因素在这个意义上构成了弗美尔作品的特点：对地图的热情。弗美尔的作品直到 19 世纪之前几乎不为人知，但正是由于这种热情，其被法国艺术评论家提奥菲·伯格（Théophile Thoré-Bürger）重新发现，画家对地图的独特热情也被后者定义为"狂热"。很可能的是，我们需要"一只受过摄影训练的眼睛"，才能理解弗美尔的伟大之处，即他比任何人都善于将自己所处的技术环境进行内化。

因此，回到阿尔珀斯提出的考虑上，问题是对于一位荷兰画家来说，使用光学仪器来作画并没有什么不寻常，因为画家自己的视觉构思本身就是假体。比印象派画家提前了两个世纪，弗美尔内化了这样一个原则：感知始终是生物装置与感知发生的技术和光学条件之间的折中。因而，我们要考虑的方面不是弗美尔是否利用了假体辅助工具来创作，而是考虑他所处的背景，他对使用（或不使用）这些辅助的认识程度。根据斯韦特兰娜·阿尔珀斯的分析，弗美尔所处的背景不仅受到了开普勒光学理论的同化影响，还受到了另一个影响，即在荷兰引起巨大反响的培根（Bacone），他所创建的认识论伟大设想被广为接受。这种接受的特点是多方面的：关注描绘而非结构；识别事物之间的差异；以及对艺术的手工方面的关注。总的来说，通过对世界进行直接、非继承性的观察来消灭所有的谬论，很可能是借助了增强观察能力的仪器。

如果我们接受阿尔珀斯的论点，认知程度将是媒介透明度的间接指标，这种透明当然不是物质性的，而是意识形态的：如果弗美尔切实内化了开普勒，我们可以想象他与视觉之间是关系性的；反之，在最简单的情况下，我们可以假设弗美尔与光学工具之间的关系只是反馈性的，是明智地使用一种强大的可延伸工具的结果。

在结束这段关于假体视觉工具的题外话并进入技术影像的话题之前，我们不能不提到线性透视的形式化问题。在我提出的视觉的技术重建背景中，它的缺席十分明显。导致我对其不予处理的原因有两个：首先，一般来说，该课题的巨大性和它所需的相关说明性工作，远远超出了本书的志向；其次，虽然它可以被认为是一种产生强大媒介化的技术，但透视并不是一个物体，而是像镜子和镜片一样，是一种方法，一种形式化。因此，这是一个划定物质技术相关领域的问题，这些物质技术排除了透视，调节了体验形式，不管其"真相领域"内建立的根本的两极化——"就形象的构建而言，在描绘和模仿之间，在修辞模型和构图的纯视觉模型之间；就对空间的理解而言，在论述的空间和推论的空间之间；最后，就图像与现实的关系而言，在'指示性的'图像和反事实图像之间"摇摆的领域。很明显，透视图像归属于该研究，但作为技术，与我们在上一章中分析的早期岩石绘画形式没有太多的区别：适用于洞窟艺术的原理——表征性地观察——在透视的形式化中找到了一个可感知的示范性结果。

　　这是媒介互动分析的一次"向下"转移，根据意大利媒介学家鲁杰罗·尤金尼（Ruggero Eugeni）在介绍法国哲学家吉恩 - 路易斯·鲍德里（Jean-Louis Baudry）的两篇论文中提出的三分法，这种转移为一种关注技术装置，而非关注情境或认知论装置的转移。恰恰是对法国哲学家在其中一篇论文中所表达立场的批判，让我得以澄清这个问题的范围：鲍德里在电影摄像机里看到了对文艺复兴时期透视构造的彻底认可，我则想要展示一种相对的动态，这种动态在透视的形式化中界定出了几何学术语——也是意识形态术语——解释的光学规律，而正是这些规律主导了我们刚刚探讨过的非拟人化视觉。

/ 技术影像 1：我是谁？ /

在之前的几节中，我们考虑了两个方面：首先，我们讨论了多个视觉技术之间的媒介化过程；其次，也是结果，我们看到了所分析的第一个技术——图像是如何刺激了其他技术的应用，来提高视觉的表征能力。布鲁内斯基、达·芬奇、范艾克和弗美尔均使用了一种假体视觉，以此获得因观察者与其媒介环境相遇而被改变的图像。无论是作为验证工具还是作为真正的现实显示器，其共同之处始终不变，那就是传达感知，以增加视觉性能和表征性能。下一步是将这三种技术逐步地整合成一种技术：技术影像（immagine tecnica）。在之前的一项研究中，我检验了这些媒介融合的过程。在这里，我想进一步发展这个想法，越过特定的摄影内容，并审视视觉媒介化的当代形式。

技术影像是人类自然史中首次唯一能够创造表征（图像）的技术，这种表征是通过两个镜片（暗箱、天文望远镜）的特定排列而获得的反射（镜子）产物。这种来自三种不同技术的结合，从媒介的角度来看，产生了十分显著的效果：仅一个物体便能够引发涉及表征方面（即与严格意义上的图像有关方面），以及感知增强方面（即与镜子和镜片有关的方面）的过程。仅通过一个媒介化过程，我们就可以看到现实转化为表征的感知被放大。美国哲学家帕特里克·梅纳德（Patrick Maynard）对这一事实做出了分析，他区分了表征的功能和揭露的功能，并指出"摄影可以被更简单地描述为，表征功能和揭露功能之间的史上最壮观互动场所"。简而言之，技术影像通过揭露来表现：这无疑是技术影像的主要反馈效果。现在，尽管梅纳德特定地言指摄影，但这个原理也可以延伸至电影，显然也需要考虑到它们之间巨大的差异。我们稍后会谈到与电影的直接比较，但首先要介绍技术影像在原始形式中的效果，然后分析其与电影装置的逐步融入。

从反馈效果到关系效果的过程很短：技术影像的透明内化在主体性范围和身份记忆范围内被推翻。在摄影被发明之前，整个自然史中没有任何个体拥有过自己的自动图像。当然，少数有钱的幸运儿拥有自己的画像，但直到摄影发明，自我的图像才获得了令人惊叹的传播和非凡的美学力量，我们引用美国诗人奥利弗·温德尔·霍姆斯（Oliver Wendell Holmes）对摄影的著名定义：拥有记忆的镜子。法国著名肖像摄影师纳达尔（Nadar）在其回忆录中谈到了人们对自身形象的敏感性，他讲述了一个请他为自己摄像的男子："真的没有办法吗，纳达尔先生？重拍的效果会不会更好？这位严肃庄重的男子放下了所有的事务，第二天清晨就跑来问我。他坦率地向我承认，他一整晚都没有合眼。"对于人类心理学而言，拥有自己的肖像这一可能性产生了极其重要的影响：照片描绘的对象不光与真实的人相似，其在各个方面都直接、真实、自然地体现人的身体。此外，围绕摄影反省的讨论不胜枚举，已使之成为经典主题之一。

因此，在所有的哲学重构中，主体都是无可争议的主角，摄影图像被呈现，其效果的描述，始终从主体性的角度出发。而主体性确信自身的自主存在，至多对摄影媒介的含义提出质疑。但如果恰好是主体性本身受到质疑呢？这是意大利哲学家马里奥·科斯塔（Mario Costa）在其专门讨论主体与摄影之间技术关系的两本书中提出的想法。在第一本书中，这位美学家界定了摄影图像产生的两个关键过程：自动化（automatizzazione）和自主化（autonomizzazione）。第一个过程与我们之前所说的有关，即图像不是由人的手制作的，而是由一种使感光性载体感光的机制实现的。第二个过程是从第一个过程衍生而来，使摄影图像成为一个"自我存在"（aseità），一个自主的实体，与其所代表的对象没有任何联系的实体。与摄影的主要理论家们所支持的相反，这个自主实体不是某个存在的认证或所指对象的痕迹，而是一种新的本体论的物理表现："如果一张照片描绘了我，那么不再是我留下了我存在的痕迹，而我自身只是作为一个记录和技术记忆的过程而'存在'，这个过程窃取了我的存在并将其吸收。"从根本上批判对摄影美学的惯常解释——根据这种解释，摄影的特征和革命性方面将存在于与现实不可避免的协商中——科斯塔宣告了人类存在的终结，同时也宣告了记录和复制存在的诞生。13年后，他重申了这一概念："摄影，以其超现实主义，是一种极致的图像，能够悬置所有象征符号，让我们回归现实本身。现在，如果把这种考虑和感受摄影的方式运用到肖像上，肖像展示的不再是主体，而是一个去象征化且被夺去精神的'主体'，沦为纯粹且迟钝的表面、一具死尸、一个东西。"

　　双重就是一张照片所能产生的东西，也是自我的外化，这个自我除了是其记录的宇宙的一部分，不涉及任何事物或任何人。正是这种疏离感、去除感，是法国一些知识分子对摄影表现出一种返祖式排斥的缘由，其中最著名的为波德莱尔。在科斯塔看来，外化并不具备我们迄今所概述的假体特征："'假体'的概念随着技术的发展而模糊，随着新技术的发展而变得完全不适应。"他继续说道："望远镜或显微镜属于假体，因为它们可以帮助我们看得更清楚；照相机不属于假体，而是一个代替我们看清事物的东西，是一个我们看清事物的功能。而且它已经与我们分离、被技术性地外化，变得自主。我在此所说的外化，是指人的身体或心智的某些方面和功能在技术上转移到外部，被机器体化并趋于自主。"摄影的双重并不是一个实在物体或一个参照物的指数，而是另一个实体，一旦生成就与那个血肉之躯的个体没有任何关系了，因为外化视觉的产物没有了可归因于人类眼睛的象征性结果，所以能够只显示纯粹的可见性。也就是说，这种双重属于机器。我并不完全赞同科斯塔的立场，因为我仍然认为主体是关系的构成因素，然而其立场有助于启发人们重新判断主体性在对等中的作用。在我看来，摄影使现实的层面倍增，而在现实中自我必须面对定义自身的挑战：照片中的那个家伙不是我，而是我的双重，它有自己的生活，在不同的现实内部——实在的和数字的——引起了相互作用，且在其中自由通行。尽管如此，它的存在并不抵消我的存在，即使它渗透到了我身份过程的构成中；我们不得不注意到，我们不能忽视它"行动"的方式，它所编织的关系和它所产生的互动。

双重不仅仅存在着，还返回到由主体操控并内化的媒介记忆的构成中来，在数字革命所促成的双重动态中定义了其自身身份。一方面，由于我们可以立即看到每次拍摄的结果，这种双重动态使得我们对个人照片的控制增强；另一方面，由于照片在网络上的潜在传播，一旦拍摄完成，我们对照片的实际控制能力也相对下降。在何塞·范·迪克（José van Dijck）看来，这种矛盾的局面反而增强了照片作为身份构建对象的作用："个人摄影可以成为一项终身练习，用来调整过去的愿望并使之适应新的视角。虽然数码相机仍然是一种记忆工具，但如今也被提议为一种身份构建工具，使得自传体记忆具有更强大的形成力。"

现在，摄影与记忆之间的关系又可以回到认知主义的争论之中来。尽管采用这样的视角来研究摄影图像效果的方式不止一种，但其中一种方法已经引起了相当有趣的研究。其中一些研究已极力地证明了，自传体记忆重唤的过程可以被摄影图像"伪造"。这个开创性的实验设计如下：实验者拿到了四张展示实验参与主体童年经历（从四岁到八岁）的照片，将其中一张照片进行了数字化修改，也就是说，将主体从照片的原始空间中分离出来，再置入另一张有热气球的照片中，通过这样的做法，为受试者们模拟了一个事实上从未发生过的童年经历。观察了这些图片后，受试者们要接受三轮访谈，访谈中他们要对自己的回忆进行一个自由陈述，回答一些澄清细节的问题，还有一些关于记忆的现象学经验的具体问题。实验结果显示，50% 的受试者产生了虚假的自传体记忆。

为什么会这样？如果我们停留在摄影图像的案例研究范围内，那么来自这一研究领域的提议之一将会提供一个解释。这个解释专注于技术影像的三个典型特征：熟悉度、意象和可信度。图像可以使人们更容易地唤起一些感知片段，因此这种伴随着唤起的熟悉感可能会与真实的记忆相混淆；然而，如果没有我们在"视觉的图像"一节中强调的同时具有呈现性和表征性的成分，这种混淆可能就不会发生，因此该成分与意象联系在了一起；最终，可信度的标准将由我们对技术影像的隐含态度所触发，即技术影像通常被看成世界的揭示性表征。

但总的来说，若被置于一个特定的心理学模型——源监控框架（source monitoring framework）之中，这三个参数都将起作用。源监控是一种我们每天都会进行的一项活动，比如当我们尝试确定一条信息的来源（源头）时，不论该信息是感知记忆还是抽象思维。通常情况下，我们这样做并没有任何问题，但如果像美国心理学家迈克尔·加扎尼加（Michael Gazzaniga）认为的那样，"关于我们记忆中的所有事情，最令人惊讶的事实是，其中一些居然是真的"，那么我们进行源监控时，出错的风险必定很高。总之，按照该模型的作者们的构想，至少存在三种类型的源监控：外部源监控、内部源监控，内外现实监控。前两种分别处理的是感知片段和主体产生的状态，无论是记忆还是认知操作；第三种则是区别从一种到另一种的转变，并确定什么来自现实，什么是由主体自我产生的……

当这些监控机制无法正常工作时——这种情况比我们愿意接受的要频繁很多——我们就会陷入错误之沼，而这些错误显然是我们无法意识到的。这些错误之中就包括潜在记忆（criptomnesia），比如当受试者认为他有一个原创的想法时，潜在记忆就会证实：这个原创想法实际上只是对他人已知事实进行再加工的结果。克里斯托弗·诺兰（Christopher Nolan）的电影《盗梦空间》就很好地描述了这一过程：不同的时间性悄然进入意识层面以下，直到一个记忆被植入主体并变得成熟。对于我们正在进行的讨论而言，更重要的是约翰逊与其同事们定义的"将虚构之事当作事实一样体化"的过程，即将一个虚构的片段——一部电影、一部电视剧或一个故事转化为自传体记忆的趋势。发生这种现象的一个关键因素是时间：离经验越远，发生混乱的风险就越大。简而言之，记忆与作为一种意识活动的想象力之间的区别似乎并不那么清晰：关于记忆的研究一致认为，记忆是一个重构过程，构成性地受到错误影响，而且如我们所看到的，很容易受到静态图像使用的影响。

第六章／**所见即真实**

到目前为止，我们已经探索了媒介的反馈与关系现象，这些现象只涉及一个感觉途径——视觉。最初的延伸和外化形式均涉及了为人类提供最多生态知识的感官，我认为这并非巧合。因此，我们不能就此止步。如果停留在感官复制技术的领域，我们会发现，记录声音数据并将其复制到一个不同载体上的可能性发生在 19 世纪 70 年代前后，也就是技术影像的发明之后。作为岩石壁画研究过程的结尾处，在本章中，我将探讨经验的延伸和外化最当代、最强大的形式。因此，我讨论的不仅仅是视觉，还包括人类所有的感觉。

在第一节中，我将讨论电影，或者说是讨论一种特殊的方式。在这种方式中，处于运动中的技术影像与声音刺激相结合，催生了人类有史以来最惊人的延伸和外化（以及缩减和内化）实现。第二节中，我将提出一个假设，即由于屏幕体验的普遍增加和复杂化，尤其是被媒介化的不再只是一种基于静态投射结合的经验，而是基于主体的转移，所以电影这种媒介已经失去了其主导地位，并非目前最令人惊讶的那一个：我们不再局限于体验平行世界，坐等这些世界里的故事发展演变，而是被怂恿着创造完全属于自己的故事，并在这些世界中行动。

/ 技术影像 2：我在哪里？ /

　　追溯电影的起源把我们引向了快速照相的完善之时。那一刻，曝光的时间如此之快，以至于时间被定格在了生物学上无法感知的片段中。当英国摄影师埃德沃德·迈布里奇（Eadweard Muybridge）在拜访美国及欧洲各国时，因其非凡的发明而广受赞誉，此时他自己并不知道，他将带给世界一个比为"运动中的马"快速照相更轰动的发明。实际上，通过将快速照相和动画技术结合，电影在当时的技术上已成为可能。其中动画技术如费纳奇镜①（fenachistoscopio）和旋转画筒②（zootropio）一样，早在摄影时代之前就已经发展起来了。令人好奇的是，如弗朗切斯科·安蒂努奇揭示的那样，媒介的意外属性表现为一种反复出现的现象，而电影是在快速照相原理消失的那一刻真正诞生的。迈布里奇的那些实验

①　费纳奇镜，1832 年由比利时人约瑟夫·普拉陶（Joseph Plateau）和奥地利人西蒙·冯施坦普费尔（Simon von Stampfer）发明，可播放连续动画，是早期无声电影的雏形。
②　一种玩具画筒，旋转观看可见连续活动的画面。

及马雷（Marey）在法国的实验，都是由一种将现实分解为一些合理的片段，以欣赏其不连续性这种明确的意图所激发的；而电影则通过重新引入连续性，完全脱离了分割平面，提供了一种极其强大的外化形式：被记录的现实。因此，作为一个完善工具，电影并不像镜子和假体视觉工具迄今所做的那样，为一个被展示世界的虚幻实现而出现：电影产生了一个完整的世界，一个我们被鼓励去探索的世界。

显然，这并不意味着电影不再与摄影共享媒介原理，相反，电影将这些原理内化，以促进西格弗里德·克拉考尔（Siegfried Kracauer）所定义的"记录功能"，同时将它们与真实的摄影功能区分开来。这种摄影功能，在梅纳德的分析中也被确定为"揭示功能"。摄影本已让我们看到更多，但只有在电影中，这种看到得更多才被衔接在人类史无前例的现实复制中。突然间，不再需要寻找技术上的权宜之计，就可以通过手工图像获得一种尽可能逼真的世界的表征：世界终于可以被复制，不光从视觉上，还有声学上。这种对现实表征的刺激决定了艺术创作的起源，正如巴赞[①]（Bazin）所言："如果说，造型艺术的历史不仅是它们的美学史，而且首先是它们的心理学史，那么这个历史基本上就是追求形似的历史，或者说是现实主义的历史。"他继续说："摄影和电影的发明从本质上满足了对现实主义的迷恋。"

认知方法作为研究电影经验的分析方法是十分有效的，不仅

[①] 安德烈·巴赞（André Bazin），法国《电影手册》创办人之一，二战后西方最重要的电影批评家、理论家。

因为其内在的折中主义，且因为一般经验的现象学与电影经验现象学之间独特的密切关系。并非偶然，这两种经验方式之间直接的并置，被心理学家、神经科学家和心灵哲学家多次提出，并体现为电影理论的经典之处。比如说，来自哈佛大学的心理学家雨果·明斯特伯格（Hugo Münsterberg）早在 1916 年就对电影进行了专门的研究；葡萄牙心理学家安东尼奥·达马西奥（Antonio Damasio）明确地用"大脑中的电影"这一隐喻来描述意识，并假设意识类似于一部电影，但我们不光是这部电影的观众，还是电影的主角。随后，英国哲学家科林·麦金提出，从我们通过图像看向屏幕，接着看到被呈现的事物这一证实开始，来解释电影视觉的功能：这种特定的观看方式助长了这样一种信念，即"我们在屏幕上看到的一种对意识的模仿，是我们内心景致的模型。电影屏幕是外化的、实化的意识"。言而总之，电影与人类心智之间存在一种连续性——不仅是隐喻的，而在某种程度上是实质性的——这一观点得到了不断的理论确认。

这种追求现实的使命感，使我们在对待电影的媒介化形式时特别关注生态方面的问题，也就是电影创造空间的能力——这个空间可以是虚构的、象征的，但最重要的是物理的、可探索的——我们被告诫与这些空间互动。当然，我并不是说，对世界的捕捉不是摄影的原始应用，或者相反，电影在自我的假体动态中不起作用：这更多的是效果不同分配的问题。让我解释一下：在我所概述的经验外化的过程中，电影产生了巨大的差别——从摄影图像产生的自动化开始——它能够重建虚构和真实的世界，而不需要人工干预。

因此，相较摄影而言，反馈和关系效果的分析应该从这样的观点出发，即电影对主体性的作用并不涉及身份的分裂或倍增，而是创建一个平行世界。

约瑟夫·D. 安德森（Joseph D. Anderson）的研究就是朝着这个方向发展的。他拒绝了吉布森式的关于电影经验的直觉，并邀请我们将观察者与动态图像之间的界面视为一个生物与其"替代环境"（ambiente surrogato）之间的相互作用。然后，他提出通过控制着一般感知的原则来研究人与电影屏幕之间的感知关系。安德森有意识地远离了意识形态和文化主义概念，即电影的某些属性是由文化决定的，相反地，他认为电影是人类感知普遍性的明显体现，因为其功能与人类感知装置从环境中提取信息的方式密不可分。当然，这是一种非常特殊的环境，一种前所未有的感觉运动异常，然而得益于这种异常，尽管这个环境与正常的生态经验之间存在着差距，但有可能进行"与一个不在那里的人的感觉运动共享，而且这种共享是随时可进行的，因此人们有参与无尽'故事'的可能性——就像一本实质的书为读者提供了在没有作者的情况下也能随意'听'无数故事的可能性——但永远不可能真正、身体力行地参与到这些故事中去"。

我们如何在电影设备模拟的环境之内部实现这种感觉运动共享呢？从测量镜像神经元引发的感觉运动参与和镜面反射的关系开始，意大利神经科学家维多里奥·加莱塞（Vittorio Gallese，2014年）和米凯莱·古埃拉（Michele Guerra，2015年）创建了一个电影感知理论，这个理论不仅考虑到观众对银幕上的故事产生移情的方式，还考虑到了观众能够深入到叙事环境中去的方式，即使这种环境不用与一般感知一致，而是由剪辑的无数画面构成。剪辑——尤其是当遵循 180 度角原则 [1]，将观众相对于被描绘空间的自我中心位置表征保持连贯时——是一种视觉延伸技术，通过提供倍增的生态机会来预定模拟过程。这两位作者认为，控制和操纵我们几千年来不断培育的现实，这个持续不断的尝试，建立在人类对抽象概念，以及对由此产生的待体验的可能世界激增的原始天赋之上："我们的假设是，现实的表征所提供的抽象外化，首先是语言所虑及的表征，正是根据体化模拟的进程，将抽象外化根植于超脱身体同时又留在身体内部的过程。"简而言之，电影构成了实现一种解放的模拟最有效的媒介化方式。也就是说，这种模拟具有戏剧性的现实感，但同时又有安全性，不存在任何真实生态经验给我们带来的风险。在探索一个我们认为与自己的世界相似，但我们同时又将其视为平行、象征性的世界时，这种安全感能让我们"以更包罗万象的方式，用我们对模拟世界的自然性开放去冒险"来释放能力。

这两位帕尔马学者的理论迫使我们考虑：既然构成电影经验的特点更多的是剪辑而非连续性，那么如何论证这两种经验形式之间的等同性呢？如果电影的体验方式与世界的体验方式不同——毕竟，依照生成理论，我不能绕过电影来提高我对屏幕上事物的感觉运动认识——那么，是什么让我们把放映平面当作一个实际的体验

---

[1] 180 度角原则是电影制作中的一个基本指导原则，它阐述了屏幕中角色之间（或角色与物体）的空间关系。通过把摄像机放在两个角色之间的假想轴的一边，可以保持一个角色总是在另一个角色的右边。

环境呢？为了回答此类问题，德国哲学家乔格·丰格乌特（Joerg Fingerhut）和卡特琳·海伊曼（Katrin Heimann）提出"电影身体"（corpo filmico）的概念，正是为了强调，电影感知以一种特定的方式构造了身体与电影结合的关系方式（感知、情感和认知）。根据他们的提议，仅从一般感知开始论述电影感知是不够的，而是要验证在这个涉及观众和屏幕的媒介化过程中，通常的感觉运动能力是如何适应电影所施加的特定推力的："我们能够在不同的身体（运动学的、增强的、虚拟的）之间切换，从而建立一个灵巧身体的库，这个库的使用取决于由相应媒介提供的具体触发和参与。"因此，并不是只存在一个身体，每个媒介化都会产生具有特定生态互动方式的特定身体。然而，问题并没有完全解决，因为尽管电影身体构成了一种电影特有的界面，但电影仍在继续刺激"可视性"（affordances），"仿佛"电影中的物体将自己提供给观众，就像它们在真实世界中一样：电影中的一个杯子继续暗示着抓握的可视性，尽管我们不可能抓到它。所以，也许不是身体去适应或成为替代品，而是生态模拟的特征决定了经验的类型；我将在下一节处理观看器的问题时再来讨论这个问题。

主动式电影，是一种以多种方式对观者的反馈做出回应的电影。我不是在谈论根据观众的选择对虚构的故事内容进行各种形式的审视和改造的互动性，而是指电影叙述根据观众的无意识反应进行自我改造的能力。皮娅·蒂卡（Pia Tikka）提出一种基于特殊运作机制的主动式电影模型，作为团体体验的模拟器：通过检测观众的精神生理状态——在最初的装置中是检测心跳和皮电活动，随后则是通过功能磁谐振来检测大脑状态——来确定他们对电影呈现事件的情感反应。这种反应构成了指导剪辑规则的重要信息，使电影接下来选择某些特定场景而非其他场景。这些被选择的场景将会继续触发相对的情绪反应，从而进入一个电影与观众相互决定的不断循环中。从理论的角度上，值得注意的是，皮娅·蒂卡的这些论点是基于对苏联电影理论家谢尔盖·爱森斯坦（Sergej Eˇjzenštejn）电影理论与实践的"认知主义"解读。后者所创立的模型实际上表明，电影拥有的对生态方面的追求是如何不被剪辑所化解的，因为电影所唤起的环境组成部分并不取决于自然感知之现实和电影移植之现实之间的表面一致性，而可能取决于电影媒介在主体进行感觉运动探索期间为之提供的机会。

一段时间以来，关于电影的理论反思一直致力于了解电影是否还活着，或是否因数字技术出现而引发的媒介混杂而黯然失色。意大利学者弗朗切斯科·卡塞蒂（Francesco Casetti）提出了"转移"（rilocazione）和"再转移"（re-rilocazione）的概念，不仅鉴别了电影的持久性，还鉴别了电影的一项出色成果：通过在不同的载体和环境之间转移，电影增加了将自身呈现为经验的方式，因此保证了回归运动——再转移的连续性。这是一个识别电影所塑造经验的特定形式的问题，也是理解电影关于一个模式的独特性的问题，我们认识到这个模式的特征，并非因其稳定且不变，"而是因为我们考虑到它所在的历史、重新出现的条件和所面临的命运，才把它当作这样一个模式"。在德国哲学家沃尔特·本杰明（Walter

Benjamin）观点的基础上，卡塞蒂还提出了"媒介的稀薄"和"认知的悖论"：第一个定义指明了电影失去似乎构成其起源的部分特征（在黑暗大厅里的感知、屏幕的大小、集体仪式性等）而变得更加稀薄的趋势；这种稀薄产生了一个悖论——认知的悖论，即识别某物，但不同于我们先前所认识该物的方式。之所以能这样做，是因为"识别"（riconoscimento）一词具有双重含义：既可以理解为一种"认出"（agnizione），也可以看作是一种"证实"（accreditamento）；也就是说，既可以作为我们界定某个之前体验过事物的实践，又可以作为一种允许我们宣布某个经验是可识别的这样的实践，尽管其与参考模型之间存在差异。在这种矛盾的情况下——由一个更清晰的时间性概念所产生，这个概念重新分配了因果关系及效果的顺序——电影得以生存，事实上，正是因为它在迷失的同时又重新发现了自己，从而充满动力地再现。

从这一分析可以明显看出，电影是如何作为难以忽视的分析性比喻项而享有威望的。毕竟，那些广泛、强大的经验外化形式，仍然具有电影的特征。比如说，我想到的电视连续剧。尤其是，有一个元素似乎一直具有极其重要的意义，数千年来伴随着人类，且与电影结成了可靠的盟友：叙事的符号需求。这一点在我看来十分重要，原因有很多：首先，我刚才已经提到，引用巴勒莫大学教授米歇尔·科梅塔（Michele Cometa）的话，故事对于我们这个物种来说，是我们自我的构成性必需品，还是一种现象，它通过内化和外化过程使得人类的主体性在考古学上塑造成型；那么，故事似乎不会有什么危机，也就是说，我们无法想象没有故事的存在，不管是作为可以享有的简单产品，还是作为能帮助我们面对现实重负的工具——人类的开发的众多工具之一，又或者作为明显概括了我们意识运作方式的现象。因此，绘画、摄影和电影的案例与这种古老的人类才能交织在一起，确实地引入了可归因于它们表征性质的反馈机制，这种反馈机制强化了它们的效果，但将自身完美地置于叙事的推力中。

在这个意义上，连续剧的案例可以被作为当代叙事的主要产物。就电影体验而言，意大利学者恩里克·卡罗奇（Enrico Carocci）已经展示了自我与电影银幕的协商是如何基于人类对故事的自然偏好，以及故事让我们在情感上深陷其中的方式。另外，两位意大利学者伊拉里娅·德·帕斯卡利斯（Ilaria De Pascalis）与古烈尔莫·佩斯卡托雷（Guglielmo Pescatore），将叙事的中心性转移到了连续剧的层面上，希望能更深入地理解其背后逻辑，以及延伸叙事（narrazione estesa）和叙事生态系统（ecosistema narrativo）的概念。通过这些概念，他们想要"将传统叙事范围的注意力转移到一种受到了生物学科考虑生态系统演变的方式启发的方法，从而将它们置于时间和空间两个层面上"。叙事问题变成了生态系统的问题，构成了一种有待研究的现象，就如同这种相互作用涉及一个与其环境互动的有机体一样："由生态系统所勾勒的世界并非基于因果关系，也非逻辑或时间性连续，而是基于为人物生产模块式且可居住的环境。"很难掩饰对这种方法的共鸣，其将一种平行性放在了分析的中心，即使只是方法论上与生物科学的平行；此外，还有从本书一开始就采取的生态学角度。

出于历史、文化甚至还有意识形态的原因，连续剧的时间因素和电影生态模拟是我们进行理论思考的重心。但是，现在我想尝试探索一种可能性，采取一个前瞻性而非回顾性的态度，将分析转向西蒙尼·阿尔卡尼（Simone Arcagni）所描述的"后电影星系"。在这个星系中，电影只是众多闪亮恒星中的一个，甚至不是运行最佳的那一个。假定图像是我们的认知与周围环境建立新的感觉运动关系的机会，那么我们若暂撇开摄影模型，而专注于人类与最新的经验技术之间的假体关系，我们会瞥见什么？

到目前为止，我们已经确定了两种受技术影像影响的现象：自我的协商和可能世界的倍增。下一节中，我将试着继续迄今为止的反思，但不再将技术影像作为参考，而是将屏幕，或者更准确地说：屏幕的（假定）消失，作为参考。此外，我不会将叙事看作人类唯一的经常性行为，而是转向人类的另一个自然常态：作为探索性表演的游戏。这两个举动一起，将无可避免地导致对一个最新媒介化形式的假体影响的衡量，这种媒介化形式在总领域里没有找到太多的空间，并且很难被视为某种超越娱乐形式的东西：这就是视频游戏。

/ 影像—环境与超级马里奥 /

意大利学者鲁杰罗·尤金尼已经明确地提醒我们，当前的
（后）媒介体验在很大程度上已经被配置为一种娱乐体验。在具体
讨论游戏的问题之前，我想先讨论一下沉浸感，或者说思考一下，
我们是否有可能像体验自然环境一样，以看似直接的方式体验人工
环境。这样的讨论并不意味着，视频游戏体验一定要具备可被定义
为沉浸式的技术，同样这也不意味着沉浸感是视频游戏独有的特
征。在我看来，这些都是补充性的媒介化，旨在增强有机体与生态
环境之间的关系融合，然而这些媒介也会彼此独立地表现出来。

1965 年，美国科学家伊恩·萨瑟兰（Ian Sutherland）发表了
一篇标题为《终极显示》（The Ultimate Display）的文章。文章指出，
终极的显示器是一个消失了的显示器：它是连接技术与商业这一创
举的开端，该创举的目标在于创造新的观看器，来替代当前存在的
屏幕，即替代那些迫使我们待在一个局限的框架前的后文艺复兴式
装置。这个新的观看器将是完全模拟、消除滤镜、使现实世界与虚

拟世界之间感知距离消失的梦想。但真的是这样吗？观看器真的能让我们进入一个没有边界的影像—环境吗？

屏幕，或者说是显示的问题，正处于一个错综复杂的美学与媒介反思的中心，当然不是偶然：屏幕的问题具有绝对的中心地位，因为屏幕是最当代的设备之一。关于该物体的哲学、媒介学和技术历程回顾，由于超出了本节内容的范围，所以在此略过。我想要深入讨论的唯一方面是那个边界，那篇《终极显示》要最终消除的极限，也就是这样一个事实，屏幕——就像窗户、镜子和画一样，用经常被唤起的隐喻来描述屏幕的功能——框定了一个空间，但同时与排除在它外部的东西产生关系。

意大利人类学家卡罗·塞维里在谈到透视空间的构建时写道："感知情境与其内容之间的关系无疑是任何影像表征的构成条件之一。如果我们将图像定义为它所隐含的幻觉形式（或对视力的吸引力），那么每种图像传统都拥有其特定的传递性（transitività）。"意大利哲学家毛罗·卡尔博内（Mauro Carbone）最近提出"拱屏"（archi-schermo）的概念，用来表示任何光学设备的原型功能，这些光学设备表现出了不一定归因于特定工具的理想特性。卡尔博内以柏拉图的"洞穴"①为例，说明了拱屏的基本功能，即显示又同时隐藏的一个表面。

基于这两个考虑，让我们试着回答这两个问题：考虑到影像和情境的吻合，虚拟观看器的吸引力何在？虚拟观看器看似承诺了绝

---

① "洞穴之喻"以生动形象的方式表明了柏拉图政治哲学的基本理念，那就是：理想的城邦具有唯一性，其中真正的哲学家适合做城邦的统治者。

对的可视性，但它显示了什么，又隐藏了什么？我认为，这两个问题都可以通过援引一个"危机"，即"以自我为中心空间的危机"这个情境来回答。在塞维里看来，观看器所建立的主体不能实现那种在感知空间和投射空间之间协商的关系——塞维里称之为"嵌入"（incassatura）。同样地，虚拟空间的现象学是这样一种现象学，它通过隐藏一个以自我为中心的空间性之可能，实际上隐藏了身体本身。由于我对该研究所给予的设置，相比象征性拒绝主体的空间，我的注意力更集中在那个于现象学上拒绝身体的空间上。

观看器隐藏身体是什么意思？至少有两个意思。明确地说，在一些虚拟现实的体验中，我们无法看见自己的身体、身体的意象（《工具、假体、橡胶手和背心》，第 101 页），比如我们的脚和手，这个事实产生的效果肯定是游离的、疏离的，而非沉浸式的。但也可以隐含地说，我们在虚拟世界与真实世界分别产生的主体经验相吻合的情况很少发生（比如在虚拟世界中，我们通过推手柄来行走，或通过按某个按钮来抓取东西），这就造成了受模拟刺激的身体基模与我们身体切实体验的基模之间的不协调。我们无法逃避身体的这种抵抗力，因为身体是我们通往世界的第一个不透明的通道，第一个我们通过隐藏来显示的可支配媒介。将身体视为本质上不透明的媒介，从这个考虑出发，意大利研究人员安娜·卡特里娜·达尔玛索（Anna Caterina Dalmasso）提议，将透明性视为空想的、不可实现的。换句话说，透明性甚至不存在于自然感知中，因为我们的感知已经被身体媒介化。

假设确实是这样——我是这样认为的，若按照体化认知——我不认为通道的不透明部分可以限制我试着定义的体化透明，即按照而非无视将透明性具体化的身体，这样的一种透明。这就是我们在本书开始时遇到的"纳格尔的蝙蝠"（《认知主体》，第 6 页），因此，进入他者的现象学仅仅且完全转移到一种体化视角的采取。如果说有什么问题的话，问题的关键便在于，虚拟体验无法依从这种体化透明，因为它阻止了那个以自我为中心、主体、运动感觉空间的构建，而这正是它似是而非地承诺要模拟的。在我看来，这只是一个技术上而非形而上学的限制，所以我想尝试解释一下原因。

首先，也许有必要回顾一下体化认知和生成转向之间的差距：前者在身体中界定了经验的构成特征，后者则将同样的价值归因于环境，即我们已知的生态媒介环境。因此，如果观看器产生的媒介化遵循有机体与环境之间通常发生的生态关系——或者至少考虑尽可能多的变量——那么，体化透明就可以亚稳化。观看器的"原罪"在于将视觉作为最重要的感觉通道来给人错觉，从而获得媒介透明性。但实际上，视觉是一座金字塔的尖端，而金字塔的底座起着更重要的作用。多年来，瑞典神经科学家亨里克·埃尔森（Henrik Ehrsson）一直在研究，技术设备（尤其是光学设备）以何种方式改变了人体幻觉的现象；近期他已经证明，如果一个进行特定动作的人体模型通过观看器被提供了视觉，同时人体前庭系统模拟与所见动作一致的内感受，并发出电流刺激，那么人体掌控该模型的幻觉会更强烈。

实验表明，仅让人的视力产生幻觉是不够的，必须让身体也产生幻觉。如果这个工具能够在体化透明的限制下，通过提供自身作为影像—环境来增加亚稳性，那么体化透明将可以看成一个感知界定条件的新成就，是观看器与观看者之间关系的结果。但是要注意的是，观看器相对于屏幕的实质性优势并不在于框架的消失，而在于观看器的使用自由权所鼓励的行动邀请。有了观看器，我们不仅可以进行投影式探索，还可以实际地探索我们眼前的世界。因此，并不是身体变成了电影的或替代的（《技术影像 2：我在哪里？》，第 168 页），而是生态模拟能够变得人体化，从而有利于一般感觉运动经验的体化透明。当然，框架的消失对于优化模拟来说是关键的、不可或缺的。我也认为，理解其含义的理论性分析也是必不可少的，但优化模拟决定性方面恰恰在于对身体的迎合，更广泛地说，在于对模拟世界中行动的迎合。

这就是视频游戏的来历。游戏是人类以及许多其他物种的普遍常态：通过游戏，人们能够探索规则系统中的非正常情况，其中这些规则将行为编码成一个与现实分开的"魔术圈"（cerchio magico）。美国学者理查德·谢赫纳（Richard Schechner）认为，游戏是一种具有强烈表演性的实践："玩游戏就像参与一场仪式，进入一场表演真正的核心。事实上，表演可以被定义为一种仪式化行为，且受到了游戏的调节和制约。"然而，视频游戏体验有其特殊的方面，对此我们要重点关注。

视频游戏的历史并不算久，尤其是与电影相比。在 20 世纪 50 年代末，出现了视频游戏体验设计的最初尝试。在将近 60 年的历史中，游戏行业一直稳定发展，至今从未有过危机。尽管游戏的社会—经济方面可以给出关于这一杰出技术的巨大影响，但在此我将只参考一些从纯认知角度研究游戏的理论，这些理论的目的，显然是为了证明视频游戏体验的特殊性，以及视频游戏因此能被视为一种内在亚稳的表演这一事实，因为它是当代屏幕体验中最具关系性的那一个。

我将从游戏设计师戈登·卡哈列（Gordon Calleja）的理论提议入手，该提议的优势在于借用了一个本书中已经提到过的术语"体化"。该术语有双重意义：既指玩家对虚拟空间的融合（融入），又指玩家与虚拟形象的合并（体化）。因此，当两个含义都满足时，即为完全结合。此外，在卡哈列描述的视频游戏体验所实施的所有可能的参与需求（动觉的、空间的、共有的、叙事的和竞技的）中，只有"空间的"和"动觉的"被作者判断为结合的必要条件。这意味着，看电影和阅读一本书的体验不能产生卡哈列所描述的结合现象，因为这两个行为恰好缺少以上两个特点。

非常简单的道理：在电影院里，我可以在多个层面上实现结合现象，进入主人公的视角来分享他的情感世界、与他的动态行为产生共鸣，但我始终保持不动。不仅如此，即使我十分努力地与主人公保持行动一致，即使我放任自己去感同身受地哭泣，但这个角色的命运始终不是我的命运，他的故事不会成为我的故事，因为我不能为他做出任何选择。然而，虚拟现实中的化身是我，他的未来掌握在我手中，他的世界由我决定，他遇到各种事情是因为我负责一切；我将他融入了我，同时我也纳入了他，我将自己的意识世界转移到虚拟世界中，十分地活跃地探索着这个仅存在于我行动背景中的平行世界。

这时候，有必要做出澄清：我指的是那些直接控制一个类似真人的化身的游戏。虽然一些与主体转移有关的问题也可以在不涉及化身的游戏体验中实现，如建造一座城市或耕种一块田地，但后者并不能满足我所概述的那种体验类型的所有要求。用来测试这种体验的理想游戏是"大型多人在线角色扮演游戏"（massively multiplayer online role-playing games，缩写为 MMPORPGs），在该游戏中，真人的身份被转移到一个化身中，同时也获得了该化身与其他化身互动所产生的社会组成身份。

从心理学的角度来看，最有趣也是被研究最多的效应之一是所谓的"普洛提斯效应"（Effetto Proteo），即随着与化身结合的体验而改变其人格特征的倾向。在一些实验中，玩家们进入被随机分配的角色，十五分钟后进行一场协商游戏。结果显示，扮演体型高大的化身使得玩家们变得更有攻击性，而扮演有魅力的化身让他们在关系情境中表现出了更多的自信。无论如何，在心理学领域，这样的研究可谓不可胜数，同样，试图在一个统一范式之内解释这些研究的理论模型也不胜枚举。

然而，有一种解释模型出现在应用心理学和认知神经科学的交叉点上，在我看来，其与本书中提出的术语和研究类型最为接近（请参考第三章）。该模型围绕着由心理学家朱塞佩·里瓦（Giuseppe Riva）提出且发展的"存在"（presenza）概念生成。当然，存在概念在虚拟现实和视频游戏的媒介化世界中是明了的，但要从与生态现实的平行性开始。值得注意的是，在里瓦看来，虚拟环境中的存在感需要有意识地主动参与，因此空间内的行动起着重要的作用。更确切地说，他将存在定义为"在一个外部世界成功转化成行动（生成的）之意图的直接（本能的）感知"。

这个定义表明，人在环境中（生成认知）对自己有意向运动计划的感知（体化认知）具有基本的本能（明确的）性质。这里的环境是一个并不简单的外部环境，这个事实准确地指出，我们所存在的环境不一定是自然环境，而是满足以上要求的任何一个环境。在里瓦的模型中，他明确提出了关于人际空间改变的研究（《工具、假体、橡胶手和背心》，第101页），以说明事物可以改变对自身的感知和对周围空间的感知。从哲学家伊丽莎白·帕切里（Elisabeth Pacherie）的提议开始，并借用她提出的关于行动现象学的三分法，里瓦将存在概念分为了三个层次：由末端意向/活动引导的延伸存在，它涉及主体对潜在或未来事实所赋予的重要性；由近端意向/活动引导的核心存在，它涉及在特定情境中指导直接行为的选择性注意力；由运动意向/操作指引的原始存在，它出现于感觉运动展开的实际有效性。所有这三种形式的存在都需要实现一个有意向的计划，但后两种形式特指将环境提供的"直接的功能可见性"意图付诸实施（发生）。"当环境能够支持使用者的完全因果链时，就能实现最大程度的存在。"

因此，环境是经验的构成性（关系）组成部分，如果满足一定条件——明确度（本能性）和主体性，虚拟环境可以使调节自然生态关系的平衡变得亚稳，从而触发再可塑效果来生成新的个体化。

就像镜子（《双重的起源》，第 142 页）允许进行体外体验一样，虚拟现实与视频游戏的结合可以使从自我的溢出与从自我感官世界的溢出变得可行，这一点具有非常重要的应用与临床意义。一方面是观看器的沉浸感（透明度），另一方面是探索视频游戏世界所需要的意向性结合（能动性），这两方面可以作为从反馈效果到关系效果过渡的阈值参数：在这些体验中，我不仅能通过技术延伸或扩大我的经验，还能通过全新的感觉运动关系，以一种再可塑方式直接体验被转化的身体和世界。

第七章／电子技术成瘾时代

在前面的章节中，我们已经看到各种技术如何通过某种方式，产生反馈或关系效应。但是，有机体与环境之间的联系，不仅仅通过人造物实现，还通过自然原理的支配来实现。这些自然原理几千年来早已存在，而且随着时间的推移，我们已经学会并控制它们。在这一章里，我将试着展示两个案例研究，它们十分典型地代表了迄今对有机体与环境之间关系的预测。

本章第一节介绍了有关案例研究之间的平行性，即致幻物质（sostanze psichedeliche）和电（elettricità），这两个环境"实体"由于多个原因而依附在我们身体上，成为我们身体的一部分。在第二节，将探索某些致幻物质——麦角酸二乙基酰胺①（下文中将简称"LSD"）和赛洛西宾②（psilocibina）的效果，以及产生一种深层次关系性融合的结果，即这种意识状态的方式。最后，在第三节里，我将采取一种强调内在混杂特征的视角，来讨论与媒介研究同样重要的话题——电。

---

① 麦角酸二乙基酰胺，简称为"LSD"，是一种强烈的半人工致幻剂，由化学家艾伯特·霍夫曼在 1938 年合成。在全世界大多数国家属于非法药物。
② 又名"裸盖菇素"，是一种具有神经致幻作用的神经毒素。

/ 受到攻击的主体 /

在接受《花花公子》(*Playboy*)采访时，马歇尔·麦克卢汉表示："毒品使用的增加与电子媒介的接触密切相关。人们吸食毒品是受到了今天无所不在的瞬时信息环境的刺激，这种刺激的反馈机制助长了内心旅程。内心旅程并非 LSD '旅行者'①的特权，而是世间所有电子媒介受众的共同体验。使用 LSD，无非是在模仿电的不可视世界，它使人从视觉和言语的习惯及反应中解脱出来，赋予人立即且完全参与的可能性，所有的一切都在即时性（immediatezza）和统一性（unità）中进行。吸引我们使用致幻物质的，是一种为达到与电子环境产生共情目的的手段，这种电子环境本身不过是无毒品参与的内心旅程。"

对于这位加拿大学者而言，使用致幻物质是对电子环境的一种反应，因为这两种体验都有助于通过与周围世界统一融合的直接

---

① 这里指通过致幻物质，即大部分的毒品，来达到某种精神状态的那类人。下文"精神探索家"亦同。

过程来卸下例行事务。我发现上段的引文对我想在最后一章中进行的论述非常有用：这一章涉及的是作为典型案例研究的致幻物质和电。这种典型性源于构成了派生词"生态媒介"的两个原始名词的关系反转：如果说，在之前的章节中我们研究了一些显示环境特征的工具，那么现在我们将探索一些显示典型媒介特征且在自然环境中可见的实体。这些实体即致幻物质（尤其是 LSD 和赛洛西宾）和电，后者则包括其物理变体（电磁学）和生物变体（电生理学）。

这看起来像是一个近乎挑衅的举动，但在接下来的两节里，我将试着提供足够的证据和论据来证明，为什么致幻物质和电可以作为理想的电子媒介候选者，来触发产生亚稳化关系效应的再可塑过程。事实上，这两种生态媒介都产生了影响，这些影响以不同的方式诱发了有机体与环境之间互动的深刻调整，即使这两者并非人造物，而是本来就存在、可使用的。显然，就电力而言，这种可使用性是通过作为载体的技术来实现的，但其也是一种自然力量，在我们之前早已存在，我们只能承认自己成功将其控制这个功劳。

简而言之，致幻物质和电捍卫着本书所倡导的理念：我们是与技术及环境通过一个时间上延伸的关系过程而融合在一起的身体。将我们与世界隔开的界限，则是根据我们所面临媒介化的激进性所决定的。主体和客体并不是对立的，而是相互渗透的，因此在致幻物质的案例中，主体会暂时溶解在突发的心理和生理现象中；而在电的案例中，主体和世界受到同一种力量的作用，彼此之间完美地混合在一起。

/ 不协调的猴子 /

1992 年，民族植物学家、"精神探索家"泰瑞司·麦肯南（Terence McKenna）出版了一本书，名为《众神的粮食》（*Food of the Gods*）。该书提出了一个理论：摄入具有致幻效果的蘑菇，是导致第一批类人猿进化到智人的原因。该理论的解释基于至少两个假设：第一个假设为，我们就是我们所食用的东西，也就是说，我们与食物之间形成了一种共生关系，当我们的食物恰好是某些植物或蘑菇时，这种关系会产生对彼此都有利的影响；第二个假设是，摄取有致幻效果的蘑菇，直接影响了选择，改变了选择本身所作用的行为模式。这些模式可归因于至少三个不同等级的感觉运动与认知增强：在低剂量时，甚至在无意识的情况下与其他食物一起被食用，蘑菇能提高视觉敏锐度，尤其是识别周围情况的能力（狩猎行为）；在中等剂量时，它们会产生能量、增强性欲（生殖行为）；而在高剂量时，幻觉体验的性质和强度可能会产生魔幻或宗教思维。

当然，这只是一种理论，它结合了其他通常可追溯至萨满教、意识行为的迷幻起源和岩石艺术的理论。但不难理解，为什么可以从考古学的角度来研究致幻物质的使用。服用其中一种物质所引起的感觉运动与认知的颠覆，就像一个真正的光学仪器一样，首先让人以不同的方式看见，尽管我们很快就会发现这不是唯一的效果。在心理个体化中，西蒙栋将感知判断为一种生命体的个体化行为，被要求消除一种由被感知对象提出的亚稳张力。关于被感知对象，不仅要了解其形式（格式塔），而且还要知道其相对于自身的极性："如果没有初步的张力，即没有潜能，感知就不能达到整体的分离，反过来，感知又与所述整体极性的发现相对应。"

目前，很可能没有比致幻物质更有效的媒介能够产生亚稳张力。在致幻物质中，位居"女王"地位的无疑是由瑞士科学家阿尔伯特·霍夫曼（Albert Hofmann）合成的 LSD。在他与德国知识分子恩斯特·荣格（Ersnt Jünger）长达五十多年的通信集中，我们可以读到后者对技术进步提出的考虑，以及一种技术进步与改变意识状态的物质之间存在平行现象的观点。在一封信中，霍夫曼询问荣格，这些药物对人类心灵会产生多么深刻的影响，也就是说，它们是否会影响到"他存在的核心"。荣格如此答复："在物理学领域，还有生物学领域，我们开始推动一些技术，这些技术不再被理解为传统意义上的进步，而是干扰了进化的、与物种发展没有关系的。葡萄酒已经产生了很多变化，它带来了新的神明和一个新的人性。但葡萄酒之于新物质，就如同古典物理学之于现代物理学。"那么，根据他的比较，致幻物质是一种新的东西，在范式上与任何其他形式的意识改变都不一样。

但总的来说，科学与迷幻之间的关系是矛盾的。如果说，霍夫曼等科学家们和各类知识分子尝试这些物质是为了研究他们的效果——比较著名的例子有刚刚提到的荣格，还有英国作家阿道斯·赫胥黎（Aldous Huxley）——还有一些人则为这种信念付出了职业生涯的代价，蒂莫里·利瑞①（Timothy Leary）对此深有体会。同样重要的还有药物与媒介研究之间的关系，在最近的一项研究中我曾试图对此进行总结。研究中我介绍了一些新的实验调查，这些调查旨在证明，在使用了脑成像仪器的前提下，人体与致幻物质接触时，大脑里会发生什么。因此，我想重新回顾这个研究，并讨论一下我的观点，即致幻物质是生态媒介，它们产生亚稳媒介化是在关系层面上，而非简单的反馈层面上。

通常，致幻物质如 LSD、赛洛西宾和麦司卡林②，充当着血清素 2A 受体（5-HT2AR）的激动剂。这意味着它们的摄入激活了受体，这些受体在正常情况下会与天然配体结合，但在药物供应的情况下，受体正好与迷幻激动剂结合。在这样的情况下，会发生什么？这取决于很多因素。首先是剂量，剂量的多寡会导致截然不同的效果；但也要看时间。如果在短时间内，这些反应可能类似于精神病发作引起的反应；但长远来看，这些反应能够治疗某些心理疾病。罗宾·卡哈特 - 哈里斯（Robin Carhart-Harris）博士是一位年

---

① 心理学教授，LSD 的倡导者，因吸食大麻而被监禁，越狱后重新被捕。
② 麦司卡林的通用名称为"三甲氧苯乙胺"，从生长在墨西哥北部与美国西南部的干旱地带中的一种仙人掌的种子、花球中提取。麦司卡林是有害的强致幻剂，没有医药用途。

轻的精神药理学家，他在伦敦帝国理工学院研究迷幻药物多年，对致幻物质的临床功效深信不疑。

此外，卡哈特-哈里斯还提出了一个雄心远大的理论，该理论的目的不仅是展示临床应用带来的潜在益处，且展示了当主体决定进行一次"旅行"时，大脑组织普遍会发生什么。该理论名为"熵脑"（The Entropic Brain），将服用致幻物质而产生的意识状态描述为"初级意识"。这种表述指的是一种原始意识的形式，无论是本体论还是系统发生的意义上，还有功能意义上：梦、精神状态、儿童的心智，以及我们以狩猎与采集为生的祖先们受迷信驱使的心智，都应被视为原始意识，混沌（熵）在其中阻碍了认知天赋的稳定。

另一方面，"次生意识"是一个机警、精神健康的成年智人的典型特征：功能秩序、风险的降低、感觉运动与认知常规的稳定，这些预测策略完善的结果成为规则。在正常情况下，当我们休息时，为了产生这种次生意识，我们的大脑会进行一种操作模式，这种模式在文献中被称为"预设模式网络"（default mode network，简称为 DMN），它是一种结构与功能连接的交织，表现出较高的一般代谢活动，但在执行特定任务时会表现出一种相对的中断。致幻物质的使用，通过诱导大规模的大脑非同步化状态，而作用于这种模式，从而产生分裂和解离现象：一方面，致幻物质（本例中为 LSD）破坏了预设模式网络的常规功能连接；另一方面，它们倾向于一些区域之间的重新连接，通常这些区域因抑制因素而在功能上被区分开来。因此，换句话说，在大脑中通常处于强大功能连接的区域中，这种连接会减少（分裂），而在那些通常相互"隔离"的区域中，则会形成功能上的关联（解离）。

依据这些实验，迷幻体验的神经元关联是一个混乱无序的大脑，因此处于一种不平衡的状态——如果我们采用西蒙栋的术语，也可以称其作亚稳平衡的状态。在这种原始意识重建的条件下，主体发现自己被投入到一个闪光、不稳定的世界中，这个世界主要是由联觉类型的现象生成的，这些现象很有可能是由解离过程促成的，这些过程禁止抑制剂，阻止大脑的正常运作，即把来自不同渠道的感觉信息分离开来。

发现自己处于这种状态时，主体试图降低亚稳性，其目的——由自生的必然性所施加——是赋予他所经历的事物一个意义。这一领域的许多研究项目所依据的假设是，逐步稳定化的过程能够产生强大的治疗效果，根据最近的实验证明，这得益于致幻物质可促进大脑可塑性的能力。特别值得指出，赛洛西宾是治疗抑郁症非常有效的药物之一。如果上述提出的分裂和解离原则是正确的，那么致幻物质可以引发一个重构稳定且常规的思维形态的过程，主要作用于结构的生理方面，但不限于此：与其他治疗精神疾病的药物方式不同，当进展顺利时，迷幻体验还伴随着与神秘主义体验相类似的感觉，其心理和存在的影响可持续至服用后的十四个月内。

致幻物质是世界的碎片，是引发了大脑功能重构过程的生态媒介，迫使主体实现（生成）完全新颖的感觉运动关系。从某种意义上讲，就像回到童年（初始意识），因为事物具有陌生的、不可理解的一面。因此，为了试图与其暂时进入的怪异感官世界保持一致，动物—人开始了一个解码探索。主体与物质之间的再可塑性交锋所产生的亚稳性程度，不能说成是简单的反馈：卡哈特-哈里斯将这种与世界融合、在任何嬉皮作品中都能找到的感觉定义为"自我的消解"（dissoluzione dell'ego）；人们可以体验到生动的灵魂出窍的经历，这种现象学上的描述根本不可能将其说得清楚。我们周围的事物——在使用低剂量的致幻物质时，它们只是表面和图案，但在较高剂量时，它们还有面孔和具体的物体——以联觉干扰和内省性思维为特点的节奏不停地转化。几个小时后，亚稳性降低，幻觉效果减弱，世界恢复到可理解的、可预测的、安全的状态。

/ 青蛙与生化电子人 /

在所有"延伸"了智人的生态媒介中，有一个占据了特殊的位置：电。这种特殊性并没有被忽视，事实上，可以说很多媒介研究都密切关注着电子技术在塑造经验形式方面所发挥的作用。20 世纪无疑是电主宰的世界：德国社会学家格奥尔格·齐美尔（George Simmel）关于紧张生活加剧的著名见解，以及美国学者斯蒂芬·科恩（Stephen Kern）在世纪之交时对空间与时间感知的研究，都成为备受瞩目的经典之作。后者认为，电灯和电影使人们对时间的感知和概念更加清晰。就媒介的历史而言，从蒸汽机到电的转变对媒介逻辑的重构具有重要意义，因为随着这个转变，一种新技术开始崭露头角，它汇集了不同的需求：能源生产、交通运输和信息。

但这仅仅是对于电的批评态度的开始，随着该技术——或者可以说，这种自然力量——的使用分布到各种各样的设备中，这种批评态度只会愈演愈烈。就媒介反思而言，案例不胜枚举，且都备受关注。想要遵循一种主题性而非严格按时间顺序的标准，来进行媒介理论的部分重建，那就不能不从马歇尔·麦克卢汉开始。事实上，麦克卢汉将自己的整个职业生涯都献给了电子媒介分析，或者至少是从《理解媒介》（*Understanding Media*）一书开始。在这本书中，我们发现，一个视觉的、字母化的社会，遇到了一个电子的、听觉的环境，从此所产生的混杂能量创造了一些让我们完全没有防备的危险关系："我们的个人和集体生命已经变成了信息过程，正是因为有了电子技术，我们将自己的中枢神经系统置于自身之外。"电是最终的延伸，是历史上前所未有的媒介—讯息，我们很快就会明白其中缘由。

另一位加拿大媒介研究者德里克·德克霍夫（Derrick de Kerckhove）的作品也受到电子媒介的深刻影响，作为麦克卢汉理论的优秀弟子，他把握住了电子媒介的混杂特征：在其第一部作品中，这位学者强调了电的延伸特征，并指出电的使用产生了一个控制论的大脑，或者说，这个大脑"突出了与外部世界的控制论互动"。这并不是什么新鲜事，只是到目前为止，"世界的控制论反馈在大脑上还需要时间"。随着电使虚拟现实成为可能，世界通过界面的消失在触觉上变得可探索（即能动的）。这些观点被吸收到了他的《文化肌肤》（*Pelle della Cultura*）一书中，在这里他想要说服我们，电为"生化电子人生态"（ecologie cyborg）创造了条件，这种生态即迫使我们的身体不断与之汇集的环境。

20世纪80年代中期，由于影片《终结者》和《机械战警》的热播，机械人的隐喻变成一种崇拜。美国传播学学者约书亚·梅罗维茨（Joshua Meyrowitz）专门就电子媒介有助于决定社会行为的方式进行了深入的研究，其基本论点依旧涉及空间性，因为电子媒介使空间维度归于无效，而在社会学中，空间维度被视为一种情境的构成要素。这位美国媒介学家认为，电子媒介不能被视作以前的媒介，即在具体情境中使用的工具，因为电子媒介已经显示出，作为一般类别的场所并将人类之间相互作用置于其中，这一概念并不符合电子媒介："如果我们想要把媒介的相遇纳入情境的研究之中，那我们就必须放弃把社会情境局限于特定场所、特定时间的面对面相遇这一概念，我们必须考虑'获取信息的模式'这个更广泛、更具包容性的概念。"

最后一句引言让我可以进入问题的另一个层面。经常会发生这样的情况，即电被视为信息的同义词，就好像后者囊括了前者所包含的一切。当然，不可否认的是，两者之间存在着关联，甚至是极其重要的关联：毕竟，计算机、网络和我们用电来做的大部分事情都是关于信息的。一定是这个原因，促使了哲学家卢西亚诺·弗洛里迪（Luciano Floridi）创造了一个术语"inforg"①，以便将焦点从最"传统"的生化电子人的延伸维度——根据他的说法，生化电子人是笛卡尔和人类中心说这些遗产的结果，在技术上是不可能的，在道德上也是难以接受的——转移到更面向人—信息整合的方向。但在我看来，正是这种面向信息导向的含义需要修正和重新考虑，以理解电的应用如何恰好提供了人—机器混杂的需求。最后，是神经生物学家埃德加·道格拉斯·阿德里安在 1928 年使用了"信息"

① informazionali organismi，英文为 informationally embodied organism，信息体化的有机体，或可理解为"信息电子人"。

（informazione）一词，来指代神经纤维中电脉冲的释放，扩展了其含义并将"讯息"（messaggi）传递的概念转移到了电生理学的范畴。

我特指的一个方面，归根结底是平淡无奇的，也许是造成对以下研究抱怀疑态度的原因。这种研究把生化电子人看作是一个科幻实体（最好的情况下），或者是一个应该避免的严重威胁（最坏的情况下）。在物理学中被区分的四种基本的相互作用——引力互动、强核与弱核互动、电磁互动——只有最后一个能对生物的活动产生直接的、可观的、相对可控的影响。因此，支配世界某些方面的力量也是支配生命运行某些方面的力量。在我看来，这种基本的能量连续性，正是将电置于绝对特殊的媒介行列的位置，如同那些一无所长的生物们（《一无所长但非一无所知的动物》，第29页），我们认为自己可以延伸至那些媒介；所以说，电会引起异常亚稳化的再可塑过程。只有我们之前通过致幻物质看到的共生过程可以产生类似的效果（麦克卢汉终归是对的），但由于其信息成分，我们无法像对待电一样很好地将其控制。

我的这些陈述也许让人想起了玛丽·雪莱（Mary Shelley）的著名小说，小说中的弗兰肯斯坦博士通过电的触击使一具拼凑的尸体获得了生命。电作为一种神圣的存在，赋予毫无生气的物质以生命，这样的神话早在弗兰肯斯坦出现之前就根植于我们的想象中。实际上，在詹姆斯·克莱克·麦克斯韦（James Clerk Maxwell）和迈克尔·法拉第（Michael Faraday）将电与磁统一之前，也就是在18世纪下半叶之前，磁化或带电的身体产生的奇特现象都能得到科学的描述和超自然的解释，以至于人们还真的谈论起了一种电力神学。正是在 18 世纪下半叶，人们对电现象的关注大大增加，这些关注既满足了资产阶级沙龙的玄学幻想，又激发了欧洲和不久之后建立的美国对科学的极大兴趣。然而，实话实说，玛丽·雪莱的直接灵感是来自一位博洛尼亚医生，尽管他本人处在全意大利科学争论的中心，但在国际上产生了巨大的影响：我所说的正是路易吉·伽伐尼（Luigi Galvani）。

路易吉·伽伐尼与另一位意大利物理学家亚历山德罗·伏特（Alessandro Volta）之间争论的主题是电的本质。在那个时代，人们还不知道"电物质"（materia elettrica）是什么，以至于电经常被描述为一种流体、一种空气（气体），或其他隐喻，好让人们对这种奇怪现象有一个初步概念。人们甚至不知道，自然电（大气层的电、闪电的电）和人工电（在莱顿瓶中储存的电）之间是没有区别的。引起争议的令人眼花缭乱的直觉（可以说是这样），与其说是关注物理世界的不同电力，不如说是一种可能性——这种可能性从潜力而言，是具有革命性的——即电是生命有机体的内在属性，是由生物有机体生产而非简单传送的实体。这就是本节标题中的那只可怜青蛙的来历，以科学的名义，它被以最残暴的方式肢解：在被载入史册的伽伐尼的第二次实验中，这位博洛尼亚医生注意到，如果把解剖后的青蛙的脊髓放置到一个金属表面上，会产生两栖动物的四肢肌肉运动，这点要归于——正如他于 1791 年发表的论文《电流在肌肉运动中所起的作用》（*De viribus electricitatis in motu muscolari*）中宣称的——动物自身的电。其他的我们都了解到了：

伏特一再尝试推翻或至少贬低这些发现的意义，但电生理学仍然继续其发展路线，直到成为现代生理学的一个分支。尽管有这些发现，青蛙的模棱两可——它的扭动可归于两个"不同的形而上学"，即伏特的电物理学和伽伐尼的电生理学——并没有让伽伐尼亲眼看到自己的发现得到承认。

既然现在我们知道有机体会产生电，而且这种电与我们在宇宙中发现的电性质相同，那么我们应该如何利用这个非凡之物呢？许多科学家——一些人称他们为"空想家"，另一些人则干脆说他们是疯子——都试图回答这个问题，因为他们从电的连续性中看到了改善人类生存状况的机会。当人们谈到电和空想，以及改善人类生存状况的意图时，就不能不提到尼古拉·特斯拉（Nikola Tesla），这位塞尔维亚科学家在 19 世纪与 20 世纪之交时——他也与另一位科学家托马斯·阿尔瓦·爱迪生进行过争斗——为交流电照明的普及做出了贡献。但这不是全部：他还是无线技术的发明者，或者至少是第一个直观地了解无线技术运行原理的人，尽管这个发明者身份与古烈尔莫·马尔科尼（Guglielmo Marconi）之间又有争议。至于他以人类福祉为天职的倾向，我们可以追溯至他在 1900 年发表的一篇文章的标题——《关于人类能量的增加》（*Sull'incremento dell'energia umana*）——其中我们能看到，特斯拉对以电为媒介的通信将如何发展给出了相当清晰的预测："这是一件了不起的事儿。无线通信即将全面抵达人类世界——就像飓风来袭一样。假设有一天，在一个全球网络中将有六个大型无线电话交换机，能够把地球上所有的居民彼此连接，不仅通过语音，还要通过视觉。这一天肯定会到来。"他首先生成了 X 射线，发明了以他名字命名的线圈，一般认为，他是有史以来最多产的科学家之一。他的怪异性格和他对赚钱之事的完全无能，使得他在生命的最后岁月里过得并不如意。

不过，特斯拉从未进行过以人机混杂为目的的实验。尽管他有效地利用了点亮手握灯泡引起的轰动效应，但他始终只在电物理学而非电生物学的领域内活动。然而，其他科学家则更专注于电在生物领域的潜在应用，罗伯特·贝克尔（Robert O. Becker）博士无疑是其中最突出的一个，作为纽约雪城退伍军人医院的骨科医生，他更多地进行临床实践。频繁地接触截肢或断裂等外伤，促使贝克尔寻求根治这些重伤的方法。在他的书中，他浓缩了多年来关于电场再生特性的研究，从直接测量蝾螈和青蛙的残肢再生过程得出了信息。尽管他知道再生因素与有机体的生物复杂程度成反比，但他仍然继续从与电场的关系中寻找能够解释再生功能的信息。贝克尔没有得出科学上可行的解决方案，尽管今天我们有足够有力的证据，来了解电场对细胞内和细胞外的影响。他的未能成功可能是由于他所处时代的技术限制或该项目的艰难性所致，但他的首创性为生物电流（bioelettricità）的研究运动打开了大门。这项研究不仅是要了解细胞再生与电之间的关系，而且还试图明确，暴露在我们所在环境中的持续且大量的电磁波是否会造成有害影响。

如今，在充分利用生物电流能量持续性的前提下，最先进且在临床上最成功的领域当数脑机（brain-machine）和脑机接口（brain-computer interfaces）领域。在这里也不乏一些敢于突破极限的人，比如菲利普·肯尼迪（Philip Kennedy）博士，他发明了亲神经电极（neurotrophic electrode）并为之申请了专利。亲神经电极是一种生物相容性设备，可以将大脑信号记录、转换，并发送到一台无线连接的计算机上。由于负责为研究授权的美国政府机构（食品与药物管理局）认为有关实际的生物相容性的数据并不安全，从而否决了他的继续研究，这使肯尼迪决定将电极植入自己身体中。不惜拿自己的健康开玩笑，肯尼迪只是想要证明，这种技术对闭锁综合征（sindrome locked-in，或 sindrome del chiavistello）患者的治疗究竟有多大益处。这种综合征患者有意识且清醒，但由于全身随意肌完全瘫痪而不能动，也不能说话。在一些猴子身上进行了亲神经电极的实验已经获得了一些令人信服的数据，但自我实验的失败——源于伤口感染——使肯尼迪无法收集大量数据。然而，由于兼容性数据非常令人鼓舞，这项研究至今仍在继续。

应用假体领域的顶尖人物无疑当数巴西神经科学家米格尔·尼科莱利斯（Miguel Nicolelis）。他既是一位优秀的传播者，也是一位严谨的科学家，但他之所以为大众熟知，是因为这一壮举：一位截瘫患者在尼科莱利斯的实验室接受治疗后，凭借着一副意念控制的外骨骼，为 2014 年巴西世界杯成功开球。得益于电与其能够在多种媒介上转化和传输的事实，通过脑对脑接口（interfacce brain-to-brain）实时分享感觉运动信息也变得可行。在这种实验的初始阶段，实验者会训练一些老鼠（编码器）对触觉或视觉刺激做出反应，直到它们达到 95% 的反应准确率。其他一些老鼠（解码器）则接受了另一种训练，它们能够对颅内微刺激做出反应。在真正的实验性阶段中，当编码器老鼠尝试执行某项特定任务时，大脑活动被传送给解码器老鼠，以使后者执行相同的任务。实验结果显示，成功率远远高于随机性。

类似的实验也在人类身上进行，通过利用动态意象的大脑激活模式，用脑电图（EEG）来进行信号记录，用经颅磁刺激（TMS）来传递信号。该实验的内容是，三对搭档通过脑对脑接口合作玩一场视频游戏：目标是发射大炮来保护城市免受来自近海船只上发射的火箭弹的袭击，同时保证援助飞机通过而不将其击落。在每对搭档中，信号发送者可以通过观察显示器来决定什么时候应该发射，或者应该停火，但他不能直接执行命令；信号接收者可以执行命令，但他看不到显示器。为了传达开火的命令，发送者必须想象一个右手执行的简单动作。这种大脑激活一旦被脑电图记录并被计算机编码，就会通过 HTTP 协议传达给接收者：刺激让他的手产生了一个无意识的向上运动，足以在触板上进行一次点击。有了这种刺激，接收者才能够开火。最后，应该记住，在 50% 的情况下，火箭弹被不应该被摧毁的救援飞机所代替。这种情况下，发送者只需要避免想象脑运动行为。实验组的这三对搭档中最好的一对达到了83.3% 的准确率，其他两对分别达到了 25% 和 37%，而控制组[①] 则为 0。三对玩家的表现有很大的波动，这可以归结如下：这是一个协作游戏，在这种游戏中，对工具的熟悉程度及与工具的互动能力是成功的绝对性因素。无论如何，这只是众多前沿实验案例中的

---

① 控制组是指不接受实验处理的被试组。与之相对的是实验组，是接受实验变量处理的一组。

一个。

显然，视觉在这个有机体—生态媒介融合过程中处于首要地位，正如我们已知的，视觉不一定是朝着主体—世界的方向表达的，而是一个关系的结果。毕竟，从案例研究和伴随该事业数百年（甚至数千年）的大量活动、实验和研究来看，不可否认的是，光学媒介在所有混杂技术中占有绝对重要的地位。当它们融合时，就会产生非常积极的结果，给盲人带来希望。在悉尼大学，格雷格·孙宁（Gregg Suaning）博士正在开发一种能够恢复视觉的技术，他试图通过一种将视觉信息转化为电子信号并传递该信号的方式，来让盲人们看见世界。

这些只是众多例子中的一些，我们还可以继续说下去。所有这些成为可能，都要归功于电这种人类历史上前所未有的超级媒介。电是如此普遍，以至于其他所有技术都会逐渐地被它吸收。从一种高效媒介开始，电成为我们的环境，并消失在我们的眼前：直到它突然不可用时，我们才会意识到我们的生活有多么依赖它。于是，我们拼命地寻找一个插座，不得不在黑暗中摸索、扔掉变质的食物、不知道如何打发时间……这些只是最轻微的后果。如果这种无电状况延续到一个临界期之后，我们所了解的这个世界将会直接崩溃：研发、交通、医药、交易、人工照明、一切都会回到前电时代。

没有电，我们就不能对 DNA 编码，更不可能登上火星。当然，我们也就不用担心遭受原子弹的袭击了。事实上，我们有效控制电的时间只有一个多世纪，与文字或图像的上千年历史相比，这个时间无论从进化角度看，还是从社会角度看，都是极其短暂的。此外，在所有可能的媒介中，电是唯一一个能让我们的身体和环境使用同一个代码、交换同样的能量和信息来源，并成为一体的那个媒介。

我们尚未完全意识到这种情况，这意味着我们仍处于起步阶段，处于相互作用现象的延伸且不成熟的阶段。延伸是不稳定的、易变的、在结构上耗费较少的。今天我们满足于蜷缩在沙发上，漫不经心地摆弄一个屏幕，而这个屏幕是由电路构成的，它消耗电能，并受到人体电所控制：简而言之，我们将自己"限制"到一个状态中：我们生活的每时每刻都在使用电。我们无法确定，这个最初的扩展阶段是否会进入内化或体化，但如果我们纵观一下智人的历史，便没有理由相信我们将会停止使用电，这是我们物种有史以来最强大的毒品。

致谢

写书会遇到很多陷阱，尤其是当你把多个不同领域汇集在一起时。如果说我能够应付它们，至少部分地应付成功，那是因为我得到了同事和朋友们特别的帮助。他们听我阅读了部分内容，使我能够将之完善。因此，我要感谢他们：艾丽莎·布林达（Elisa Binda）、恩里克·卡罗奇（Enrico Carocci）、马里奥·科斯塔（Mario Costa）、安德里亚诺·达罗亚（Adriano D'Aloia）、安娜·卡特里娜·达尔玛索（Anna Caterina Dalmasso）、鲁杰罗·欧金尼（Ruggero Eugeni）、马可·法金（Marco Facchin）、爱德华多·福加尼（Edoardo Fugali）、维托里奥·加莱塞（Vittorio Gallese）、米凯莱·古埃拉（Michele Guerra）、孔苏埃罗·卢维拉（Consuelo Luverà）、亚历山德罗·米内里（Alessandro Minelli）、皮耶罗·蒙塔尼（Pietro Montani）、宁尼·蓬尼西（Ninni Pennisi）、安德烈·比诺蒂（Andrea Pinotti）和卡特里娜·善纳（Caterina Scianna），感谢他们的建议、批评和讨论。

尽管这是一部原创作品，但书中讨论的许多主题均已在国内外期刊与书籍中出现过。在研究这些出版刊物的同时，我还参加了一次同主题的会议，使得我有机会初步验证了一些想法，然后在本书中进行了概述。

2016年12月至2017年1月，我在诺丁汉特伦特大学停留期间，这项研究得到极大的推动，对此我十分感谢内尔·腾布尔（Neil Turnbull）。在英国期间，我于牛津大学基布尔学院展示了部分的研究，作为兰布罗斯·马拉弗里斯协调的博士课程研究的一部分。2018年9月至10月期间，我在"叙事与想象"系列研讨会上讨论了本书的部分内容。这次研讨会于孟菲斯大学举办，由肖恩·加拉格尔（Shaun Gallagher）负责，在此感谢他给予我这次机会。此外，关于媒介延伸和体化的问题，我利用了两次机会获得的推动力：在罗马三大的博士课程，对此我要感谢恩里克·卡罗奇（Enrico Carocci）；还有一次关于图像哲学的研讨会，对此我要感谢安德烈·比诺蒂（Andrea Pinotti）。最后，在2019年4月，我曾有幸在"屏幕的终结还是屏幕的内化？"研究日上发表演讲，在其中确定了一些与屏幕体验有关的问题。对此我要向邀请我的毛罗·卡尔博内（Mauro Carbone）送上谢意，以及贾科波·博蒂尼（Jacopo Bodini），感谢他与我进行了一些天马行空的讨论。

然而，使这项研究获益最多的无疑是"感知、表述行为和认知科学国家研究项目"（PRIN Perception, Performativity, and Cognitive Sciences），该项目涉及意大利七所大学，并由宁尼·蓬尼西（Ninni Pennisi）领导、墨西拿大学团队进行协调：由于参与该项目，在过去的三年里，我有幸与最高规格的研究小组进行了系统的互动，从中获得了无数次激励。我将这本书看作是对该项目的一份科学贡献。

特别感谢理查德·格鲁辛（Richard Grusin）和西蒙尼·阿尔卡尼（Simone Arcagni）。与前者的聊天是检验我工作前提的绝佳方式，也是取之不尽、用之不竭的思想和观点之源泉。后者则从一开始就坚信并支持这个项目：没有他，这本书不会拥有现在的轮廓。

工作环境对于一个项目的成功具有决定性的意义：从这个角度来看，我认为自己非常幸运能与一群聪明能干、充满热情、乐于协作的同事们合作。感谢他们每一个人，比如皮耶尔·卢卡·马儿佐（Pier Luca Marzo），感谢他分享了他的"想象空间"，本书的大部分内容都是在那里完成的。

我还要感谢 Codice Edizioni 出版社：是斯特法诺·米拉诺（Stefano Milano）对该项目下了赌注；是恩里克·卡萨戴伊（Enrico Casadei）和乔瓦娜·波瓦（Giovanna Bova）始终以出色的职业素养、投入和速度完成了本书的编辑。

在所有的情况下，付出最高代价的总是家庭。感谢我的妻子孔苏埃罗（Consuelo），感谢她在我最艰难的几个月里一如既往的支持，还有我们关于该研究课题的讨论。此外，由于我长期在外，她和小莫甘娜（Morgana）不得不做出诸多牺牲，在此我请求她们的原谅。

北京市版权局著作合同登记号：图字 01-2021-4172

Original title: La tecnologia che siamo © 2019 Codice edizioni, Torino
The simplified Chinese translation rights arranged through Rightol Media
（本书中文简体版权经由锐拓传媒取得 Email:copyright@rightol.com）

本书的翻译得到意大利外交与国际合作部的资助（Questo libro è stato
tradotto grazie a un contributo del Ministero degli Affari Esteri e della
Cooperazione Internazionale italiano）

图书在版编目（CIP）数据

科技简史 /（意）弗朗切斯科·帕里西著；周婷译
. -- 北京：台海出版社, 2021.10
ISBN 978-7-5168-3085-7

Ⅰ.①科… Ⅱ.①弗… ②周… Ⅲ.①科学技术－技
术史－世界－普及读物 Ⅳ.① N091-49

中国版本图书馆 CIP 数据核字 (2021) 第 159476 号

科技简史

著 者：[意] 弗朗切斯科·帕里西	译 者：周婷

出 版 人：蔡 旭　　　　　　　　　责任编辑：俞滟荣

出版发行：台海出版社
地　　址：北京市东城区景山东街 20 号 邮政编码：100009
电　　话：010-64041652（发行，邮购）
传　　真：010-84045799（总编室）
网　　址：www.taimeng.org.cn/thcbs/default.htm
E - mail：thcbs@126.com

经　　销：全国各地新华书店
印　　刷：北京市松源印刷有限公司
本书如有破损、缺页、装订错误，请与本社联系调换

开　　本：880 毫米 × 1230 毫米　　1/32
字　　数：200 千字　　　　　　印　　张：7
版　　次：2021 年 10 月第 1 版　　印　　次：2021 年 10 月第 1 次印刷
书　　号：ISBN 978-7-5168-3085-7

定　　价：48.00 元